検証 防空法

●空襲下で禁じられた避難

水島朝穂・大前 治 著
Asaho Mizushima & Osamu Omae

空襲に勝つ貴重な戦訓
"逃げるな・守れ"
荒涼の焦土に只一つ奇蹟の校舎
不撓の指揮 救ふ二千の命
都市退去を禁止
藤岡局長 防空法を語る
威力なき焼夷弾
切らすな水
上田防空局長から要望

法律文化社

目次

凡　例

＊写真は新聞記事や風景写真をのぞき、すべて水島朝穂研究室所蔵のオリジナル資料を撮影したものである。
＊文献・資料中の〔　　〕部分は、引用者の補足である。
＊傍点およびゴシックは、特に断らないかぎり、すべて引用者のものである。
＊濁点や句読点を補い、必要に応じて片仮名書きを平仮名書きに改めた場合もある。
＊引用の際、その一部を省略する場合には「……」で示した。
＊政府や軍、自治体が出した文書などの引用に際して、資料に頁数が付されていない場合には、資料名のみ記した。

プロローグ――逃げない理由

◆身近にある空襲の記憶と記録

筆者（水島）の自宅書斎の横には、戦前からの万年塀がある。そこに直径五センチほどの穴が二つ。幼い時からずっと気になっていた。それは、米空軍のＰ51ムスタング戦闘機の一二・七ミリ機関銃弾の貫通痕だった。かつて塀の近くに大きな樫の木があって、伯父がその近くで遊んでいたとき、突然、Ｐ51があらわれ、機銃掃射をしてきた。急いで樫の木の反対側に回り込むと、米軍機は一端通りすぎてから急旋回し、もう一度機銃掃射をかけてきたという。「木のまわりをグルグル逃げまわった」と伯父。二度目の機銃掃射によって出来たのが、その弾痕だった（筆者のホームページ http://www.asaho.com/ のバックナンバー二〇〇一年八月一三日「痛みを伴う『塀の穴』の話」参照）。

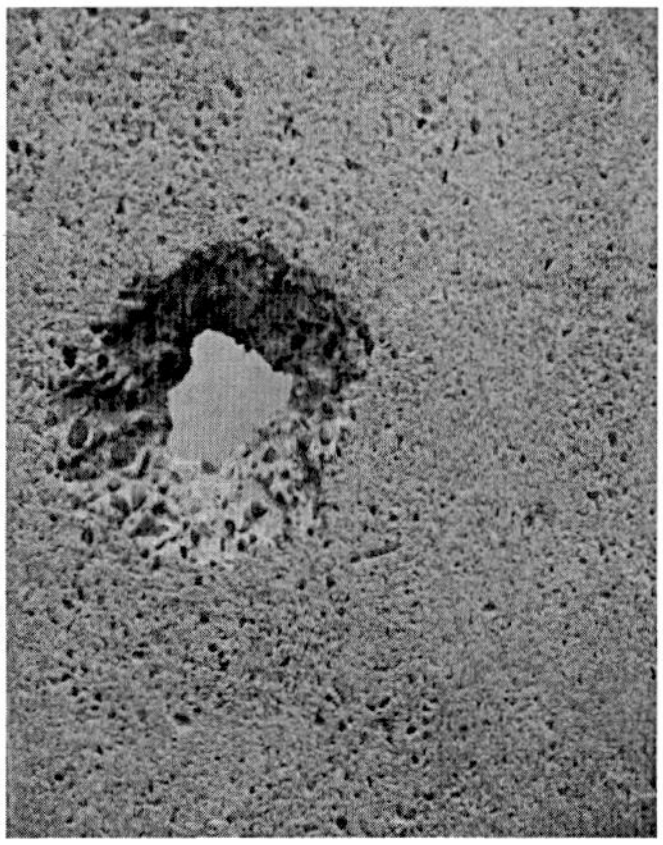

写真１　万年塀に残るP51機銃弾の貫通痕

この時の記録が残っていた。一九四五（昭和二〇）年二月一六日、「帝都防空本部発表・情報第一一七号」に、「府中町東町一丁目機銃掃射ヲ受ケタルモ被害僅少ナリ」（小沢長治『多摩の空襲と戦災』（けやき出版、一九九五年）二三頁）とある。「被害僅少」の一つが、この万年塀の穴ということになろう。二度目の機銃掃射のため旋回するＰ51の方を見上げると、操縦席で笑うパイロットの白い歯がはっきり見えた、と伯父は後に語っている。庭で遊ぶ子どもにまで、優越

感と遊び感覚で機銃掃射を行ったのだろうか。(*注)

体験者でなければわからない「音」がある。女学校の生徒だった筆者の母は、勤労動員先の東亜飛行機(東京・立川)で垂直尾翼を作っていたとき、P51戦闘機の機銃掃射を受けた。母は級友と、防空壕に向かって必死に走った。最後に壕に飛び込んだ母のすぐ後ろの地面に、機銃弾が連続して突き刺さった。母は間一髪のところで助かり、P51はキューンと急上昇していった。壕のなかは泣き叫ぶ者、失禁した者もいたという。今でも母は、小型機の急上昇・急降下の音を嫌がる。

『防空計画・空襲時の心得』(早稲田大学、昭和一七年)という小冊子がある。古書店の目録で見つけたもので、そこには空襲時の早稲田大学の対応がマニュアル化されている。例えば、「空襲警報下令時」、講義中の場合、「授業を中止し、部隊長の判断により定められたる部署に就く」。学内には、第一部隊(政経、法の校舎)から第一五部隊(文学部、専門部の校舎)までが編成されていた。教職員と学生の組織である。

「各部隊は相当数の予備班を編成し常に部隊に残留せしむべし。予備班は部隊長又は本部の命を受け部隊付近に生ずる火災の消防、負傷者の救護に當る」。一般市民の避難所は、大隈小講堂となっていた。大講堂と違い、半地下になっているからだろう。

「空襲時の心得」四には、こんな記述がある。「学生は彼我飛行機の如何に拘らず爆音を頭上近くに聴くときは之を敵機と心得仰視傍観することなく直ちに付近建物内部に避難すべし。此際地下室、一階等を利用し二階以上は可及的避くるを可とす」。大学の上空を航空機が通過するときは常に敵機だと思えという指導もすごい。物見遊山で空を見上げてはいけない。すぐに避難せよと学生に細かく指示していた。

「心得」の十には、「今次空襲の結果、焼夷弾の被害を軽視するは不可なり」とあるから、一九四二(昭和一七)年四月一八日の「ドーリットル空襲」(B25爆撃機による日本初空襲)の経験が活かされている。というより、早稲田大学がこのような空襲対処マニュアルを作成し、教職員と学生に配付したのは、この空襲により大学と周辺に被害が出たことが大きい。陸軍造兵廠東京工廠（現在の文京区後楽園）を目標とした一機が大学周辺に焼夷弾を投下。大隈講堂の裏に一発が落ち、さらに早稲田中学校の校庭にいた四年生（現在の高校一年生）が直撃で死亡している（柴田武彦『日米全調査・ドーリットル空襲秘録』（アリアドネ企画、二〇〇三年）五〇頁参照）。

なお、一九四五年二月、早稲田大学など都内の大学・旧制高校で「学徒消防隊」が編成された。早稲田では、兵役を猶予されていた理工系学生六四五人の学徒報国隊員がこれに動員された。三月五日に大学で結成式が行われたが、その五日後の東京大空襲で、学徒消防隊として活動中の理工学部生七人が犠牲となった。「学徒消防隊として、東京大空襲という『戦場』に送り込まれた学生たちがいた。不十分な装備のまま炎に翻弄された彼らも、戦争の犠牲者だった」（『毎日新聞』二〇一三年八月二日付キャンパる欄「学徒消防隊に招集された元早大生」より）。

筆者の自宅と職場の両方に、空襲の記憶と記録が残っていた。

（＊注）これと酷似する体験が、『朝日新聞』二〇一三年九月一七日付投書欄に掲載された。東京都 主婦八一歳「戦争末期、私は女学校一年生（一二歳）。ある日の下校時、電車が駅で止まり、艦載機が来襲していたので皆飛び降りて逃げましたが、一機が執拗に私を追いかけて旋回。隠れる所もなく、泣きながら逃げ惑いました。すると頭上に来た艦載機が私の横一メートルくらいに銃弾を撃ち込みます。起き上がると、今度は旋回して前方よりまた横一メートルほどへ撃ち込みます。恐る恐る顔を上げると鼻の高い米兵の顔がはっきり見え、ニヤッと笑って飛び去って行きました。子ども一人右往左往して逃げ回る姿を、からかったとしか思えません」（抄）。

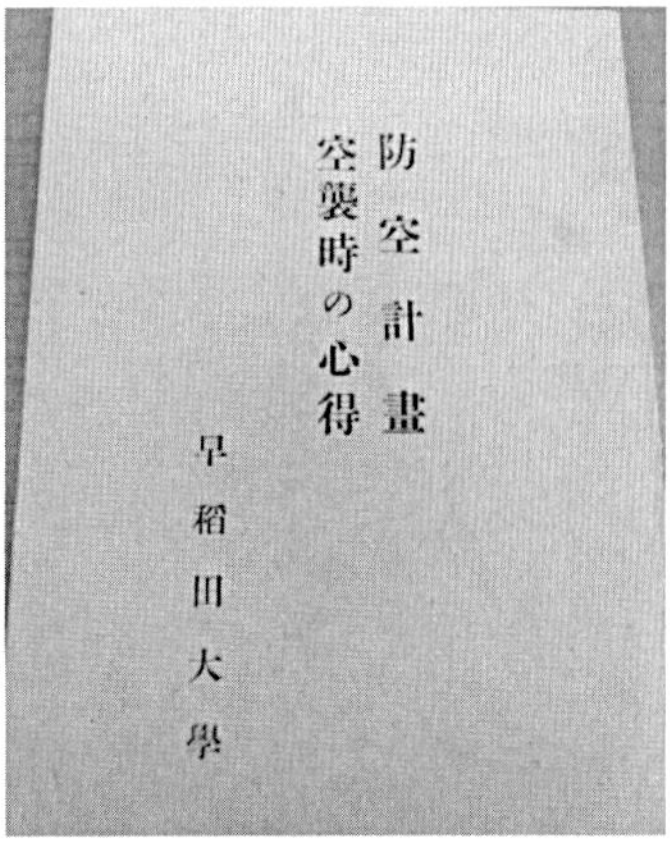

写真2　早稲田大学『防空計画・空襲時の心得』

◆「眼差しを欠いた戦争」

民衆が空から襲われる「空襲」は、戦争の歴史において、「前線」と「銃後」

の区別をなくす画期となった。その本質は「無差別地域爆撃」である。前田哲男は「徹底的に眼差しを欠いた戦争」と形容している。ひたすら上空から爆弾を投下することによってのみ行われる「空からの虐殺」である（前田哲男『新訂版・戦略爆撃の思想――ゲルニカ、重慶、広島』（凱風社、二〇〇六年）二六頁）。故意に一般市民を標的にし、執拗に大量の爆弾を投下することは、軍事基地や軍需施設ではなく、明らかに「一般市民の士気」そのものを目標とする戦略である。

一九四五年六月になり、東京や大阪などの大都市がすべて焼け野原になると、米軍は鹿児島、大牟田を皮切りに、全国五七の中小都市空襲を開始した（詳しくは、奥住喜重『中小都市空襲』（三省堂、一九八八年）参照）。攻撃すべき軍事目標が存在しないにもかかわらず、空襲は執拗に行われた（精密爆撃から絨毯爆撃へ）。これを軍事的必要性からはとうてい説明できない。その頃、米国では、三〇億ドルの開発巨費を投じて大量発注したB29爆撃機の納入が始まり、石油会社と共同開発した新型焼夷弾が完成していた。税金の無駄遣い批判の回避、生産ラインの維持、兵器の実験……。中小都市空襲の理由が、驚くほどビジネスライクなものだったことを、NHKスペシャル「そして日本は焦土になった――都市爆撃の真実」（二〇〇五年八月一一日放映）は鮮やかに描きだしている。

こう言うと、「日本も中国などに対して空襲をやったではないか」「ドイツもロンドン空襲を行った」「南京虐殺とホロコーストを忘れるな」という議論がすぐ出てくる。こうした「被害」と「加害」の二項対立の構図を克服して、ドイツでも近年、ようやくドレスデン空襲やハンブルク空襲の残虐性を問題にすることができるようになった。ドイツ、日本、英国、中国などを合わせると、一〇〇万近くの一般市民が犠牲になった。国家が航空機を使って、空から無差別に他国の一般市民を殺戮するという一点において、枢軸国であれ、連合国であれ、本質的な違いはない。

近年、連合国側からも、「五〇万の日本市民と三〇万のドイツ市民は、なぜ死ななければならなかったのか」という視点から、米英軍による無差別地域爆撃を問いなおす試みが生まれている。例えば、A・C・グレイリング

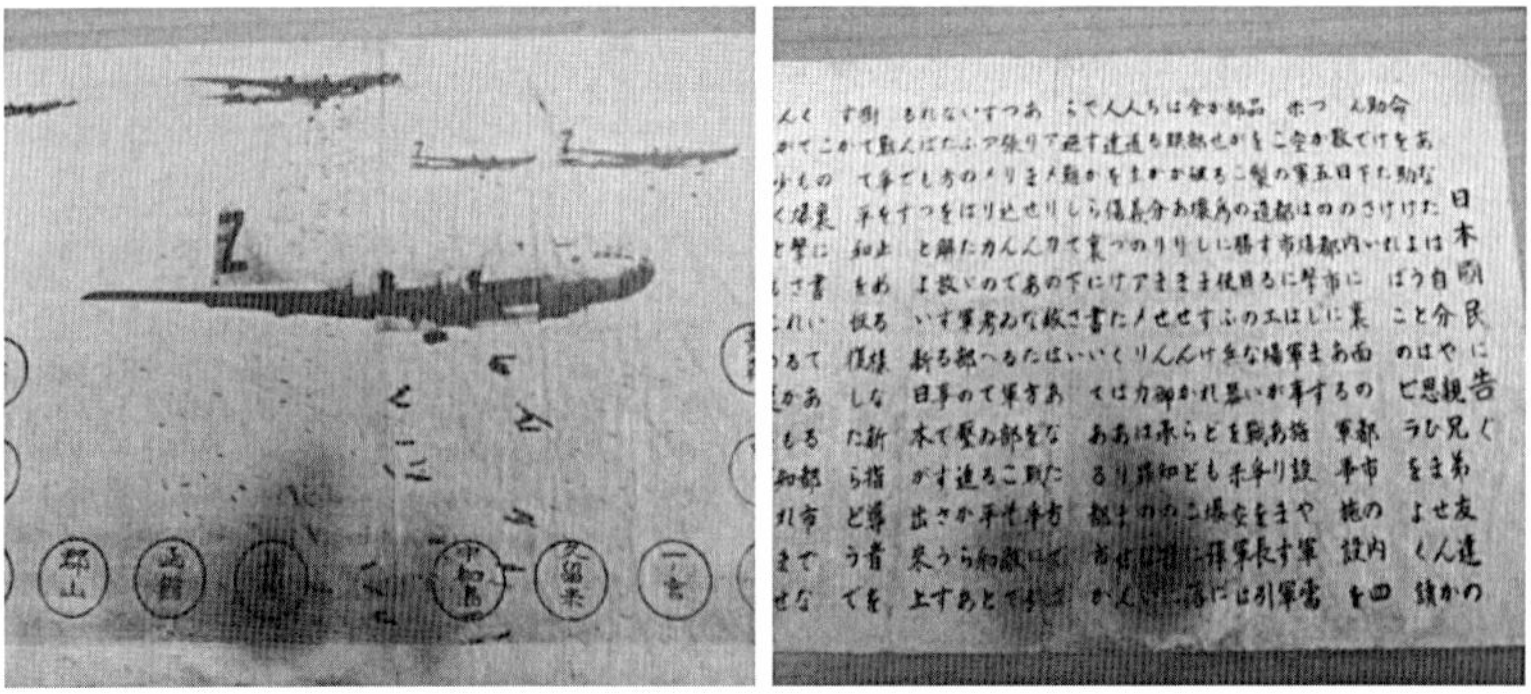

写真3・4　戦争末期に米軍機から投下された「伝単」
焼夷弾を投下するB29と、空襲を予告された都市名が並ぶ（左）。
その裏には「御承知の様に人道主義のアメリカは……」とある（右）。

（ロンドン大学の哲学教授）は、米英軍による地域爆撃は自らが作成したニュルンベルク裁判の原則に合致するかと問いかけながら、これらの爆撃が不必要な、人道主義の原則に反する、西洋文明の道義上の一般原基準にも反する犯罪であったと断じている（鈴木主税・浅岡政子訳『大空襲と原爆は本当に必要だったのか』〔河出書房新社、二〇〇七年〕三三八〜三四九頁）。

一般市民を目標とすることへのイクスキューズ（弁解）からか、米軍は、「伝単」（ビラ）を空から大量にまいて、「事前避難」を呼びかけていたことはよく知られている（本書一九六頁以下参照）。そこには、「御承知の様に人道主義のアメリカは罪のない人達を傷つけたくありません。ですから裏に書いてある都市から避難してください」と書かれていた（東京、宇治山田、津、郡山などにまかれた「伝単」）。「鬼畜米英」と頭に叩き込まれていた日本の民衆が、そんな米国の意図を「御承知」のはずもなかった。加えて、危険が迫れば避難するという当然のことが、当時の日本では許されなかったのである。

◆なぜ逃げなかったのか――「強い眼差し」のなかで

空襲下でたくさんの人々が逃げおくれて亡くなった。今日の視点からすれば、「なぜ逃げなかったのか」という疑問は当然わいてくるだろう。米軍が空から爆弾を降らせる「眼差しを欠いた戦争」をやっていたとすれば、地上における人々の生活は「強い眼差し」のなかにあったのである。

戦時下の日本では、人々は家庭↓隣組↓地域防空組織↓警察・内務省といった形で国家的に統制されていた。一般市民・民衆を組み込む「民間防空」（「国民防空」）も、軍が行う「軍防空」と不可分一体の形で実施された。「民間防空」の目的は国家体制の防護であり、国民の生命・財産の保護はその「反射」にすぎなかった。「国民防空は……国民全体が国家と運命を共にすると云ふ殉国精神に出発しているのでなければならぬ。国民は一人も残らず、……棄身となつて我が尊い国家を護り通すと云ふ決死の覚悟即ち防空精神を発揮することが何より大切であ（る）」（石井作次郎『実際的防空指導』一九四二年、八〇頁）とされる所以である。

防空訓練や燈火管制も、国家に対する忠誠の度合いをあぶりだす絶好の機会となった。特に「燈火管制」は明確だった。夜は毎日必ずくる。夜がくれば、あかりを使う。敵機が来襲するというのに普通の生活を続けていれば、「お前の家を目標にして敵機がくる」と近所に言われる。言われる前に、すべての人が協力することになる。「強い眼差し」の恐怖は、果たしてあかりが「目標」になるかの真偽より優先する。防空訓練も、空襲に対する備えというより、地方機関や市民を効果的に統制し、末端にまで管理を浸透させる効果があった。

最近の研究は、「国民防空」と「軍防空」とが、防空法の「即応」という概念によって結合されていた点に、戦時下における「国務」と「統帥」の分立の矛盾が鮮やかに示されると指摘する（土田宏成『近代日本の「国民防空」体制』（神田外語大学出版局、二〇一〇年）三一二頁）。その矛盾は、防空法の「守るべきもの」が何であったのかという問題も浮き彫りにしている。

◆「国民防空」の細胞＝隣組

「ご近所仲良く隣組」（井上寿一『理想だらけの戦時下日本』（筑摩書房、二〇一三年）一五〇〜一五六頁）という面を持ちつつも、「国民防空」の細胞とも言える隣組こそ、空襲下で被害を拡大した「強い眼差し」の発生源だったのではないか。隣組防空群などで行われた防空訓練は、無意味なことを反復継続させることによって有意味なものと錯覚させる効果があった。それは「住民の命を守る」ことからはほど遠いものだった。

例えば、「鼻の訓練」。関東防空演習時の文書にこうある。「毒物の臭は人畜に害のある濃度よりもずっと薄いものでも人間の鼻で感ずる事が出来るから、各種ガスの匂を平生から嗅ぎわける訓練をしておく事は大切な事である。それによってその毒物の性質を知り、それに応じた防護処置を速に講ずる事が出来る」（千田哲雄編『防空演習史』防空演習史編纂所発行・非売品〔一九三五年〕二七頁）。毒ガスの嗅ぎ分けを「訓練」しても、「臭い」が分かったときはすでにガスを吸い込んでいるわけで、手遅れとなる（ちなみに、サリンは無臭）。「強い眼差し」のなか、そうした訓練が真面目に行われていた。

杉並区では婦人が中心の防空訓練を行い、休暇で遊んでいた学生たちとバケツリレーの競争をしたという。一定時間に婦人側は五四杯運んだのに対して、学生側は三三杯だった。「訓練さへしていれば、婦人の力で大丈夫護れますよ」と総括されている（「家庭の共同防衛を語る――防衛当局と隣組長の座談会」『主婦の友』一九四一年四月号八七頁）。何とも牧歌的な風景ではある。太平洋戦争開戦の八ヶ月前のことである。

戦時下の日本では、警察や国家機関の監視なしでも、一般市民・民衆を統制し支配することができた。その点に関して、東京都知事をやった作家の猪瀬直樹が、その昔出した本にこのような記述がある。

ヒトラーがつくりあげた組織は、ちょうど正方形の布の真ん中を摘んでピラミッド型に持ち上げたように立体的だった。日本型ファシズムでは、布は広げられたままで頂点がない。平面的だが、代わりに荒い網目のひとつひとつが相互にひっぱりつつ振動を増幅して伝え合っている。ヒトラーが羨望してやまなかった天皇制は、この無数の生きもののごとく反応する網目だった。号令をかけなくても、たがいに協力し、牽制する。村落共同体の残滓は、都会にも工場にも存在した。そこにいったん隣組という呼称をかぶせると、たちまち活性化しはじめたのである（猪瀬直樹『欲望のメディア』〔小学館、一九九〇年〕

九四〜九五頁)。

ファシズム云々の定義の問題は別にして、ドイツと日本の支配構造の違いを巧みに表現していると言えるだろう。国民一人ひとりを「上意下達下情上通」(東京市役所編纂『隣組常会の栞』一九四〇年、五頁)の構造に組み込み、「私的生活」を奪っていった隣組のメカニズムは、空襲そのものに対しても全く無力だった。興味深いことに、防衛庁が戦前の民防空体制を分析・総括した文書のなかでも、「〔戦前の防空政策に〕国民の生命財産の保護を目的とする発想は希薄であった」「国民の自衛防空組織に過大の任務を与え、また期待した統帥部、政府の指導者の誤り」が指摘され、その「構造的矛盾」が批判されている(『大東亜戦争間における民防空政策』防衛庁防衛研究所研究資料87RO-4H、一九八七年、二九八〜三〇〇頁)。

◆なぜ、防空法制を問題にするのか

隣組などの自衛防空組織に過剰な任務を与える法的根拠が防空法であった。その下に施行令、規則、通牒などがあり、それらを包括して、本書では「防空法制」という。

防空法制は現実にどう機能したか。普通、空襲が続けば、人々は「空襲は怖い、逃げよう」、「次は自分たちの町だ」と恐怖心を抱き、都市から地方へ逃げ出す群衆が列をなす事態が生じても不思議はない。ところが、そのような事態は起きなかった。

いかに罰則をもって退去禁止が命じられていたとしても、自分の生命が危機に瀕していることを承知のうえで多数の住民が都市に居住し続けたというのは、現代の感覚からは理解しがたい。そのこと自体に、当時の住民が置かれた状況の異常さ、いわば「空襲下に縛られていた状況」が示されている。

さらに、「応急消火義務」は、単に法律上の規定として設けられただけではなく、実社会に浸透して「効果」をあげた。すなわち、多くの国民は「空襲時に逃げてはならず、防火活動に従事しなければならない」という意識を植え付けられ、そのために「私は家を守るから、子どもたちだけで逃げなさい」という形で命を失う例が数多く語り伝えられている。「逃げ遅れた」というよりも、「最初から逃げることを断念させられて火の海に取り囲まれた」ということに近い。

一九四五年三月一三日の夜。大阪市は二七四機のＢ29の大編隊による空襲を受けた。空襲警報が発令されたとき、谷口佳津枝さん（当時七歳）は母親から「親は家を守らないといけないから、あんたはお姉ちゃんと一緒に逃げなさい」と言われた。一二歳の姉と二人だけで家を出て、雨のように降る焼夷弾の下を逃げまわった。猛火の吹き荒れる路地先から振り返ったときに見えたのは、玄関先から心配そうに見送る母の姿だった。それが最後にみた母の姿だという。

谷口さんは、被災者の収容所となった小学校で母の迎えを何日も待ち続けた。しかし、迎えは来なかった。自宅は全焼していて、母と兄の遺体が、自宅下に埋もれた防空壕から見つかった。谷口さんは戦災孤児として苦難の人生を歩むことになった。

なぜ母は、幼い娘二人の手を引いて逃げることができなかったのか。猛烈な火焔に包まれていく自宅に、なぜ留まらなければならなかったのか。

そのことが正面から問われた裁判がある。谷口さんも原告に加わって二〇〇八年一二月八日に提訴された「大阪空襲訴訟」である。この裁判で原告団と弁護団は、これまで広く知られていなかった防空法制に光をあて、国民を空襲の下に縛り付けた政府の責任を問い、謝罪と補償を求めた。

防空法制が国民を危険な状態においた——裁判所は、戦後六〇余年を経てようやくこの事実を認定した（本書二一六〜二一八頁参照)。防空法制が国民に及ぼした影響はいかなるものだったのか。本書は、その生成、展開、消滅の過程を通じて、空襲被害の深部に潜む構造的問題を明らかにしていく。

第一章　なぜ逃げなかったのか

■一■　空襲の恐怖よりも大きかった「重圧」

◆空襲――全国に広がった「焼け野原」

第二次世界大戦の末期、日本の全国各地が米軍機による爆弾攻撃を受けた。「空襲」である。攻撃側の視点からは「空爆」という言葉が使用されるが、攻撃される側からみれば、空から襲いかかられる恐怖を思わせる「空襲」が相応しい。

本土初空襲は一九四二(昭和一七)年四月一八日。司令官の名をとって「ドーリットル空襲」と呼ばれる。太平洋沖の空母を飛び立ったB25爆撃機一六機による東京・名古屋・神戸などへの奇襲攻撃で、死者約九〇人、負傷者四六〇人、被災家屋二九〇戸もの被害が出た。ただし米軍側にも危険の大きい攻撃方法であったことから、その後は空襲が途絶えた。

次なる空襲は二年二ヶ月後の一九四四年六月一六日、中国大陸を飛び立った米軍機による北九州(八幡・小倉・若松)空襲である。その後も九州北西部への空襲が続き、一一月からは、南太平洋マリアナ諸島を出撃地とする空襲が頻発する。特に一九四五年三月一〇日の東京大空襲以降は、大編隊のB29爆撃機による無差別大量爆撃が全国へ広がった。攻撃目標は軍事拠点ではなく市民の居住地域となる。投下された焼夷弾からは油脂や黄燐などの薬剤が噴出して木造家屋を一気に焼き尽くす。都市全体が高温で巨大な火焔に包まれ、人々は逃げる場所を失う。後には黒焦げの焼死体が無数に横たわっていた。

八月一五日の終戦までに、全国二〇〇以上の都市が「焼け野原」となった。死者約六〇万人、負傷者四三万人、被災家屋二二三万戸という甚大な被害が生じた。

当時の市民たちは、なぜ都市から逃げなかったのだろうか。「次は自分の町が狙われるのでは」と恐れなかったのだろうか。本当は逃げたかったのに、逃げられない理由があったのか。

◆青森空襲の悲劇――「七月二八日までに市内に戻れ」

この疑問を解くカギが青森市の空襲の悲劇にある。

終戦一ヶ月前の七月一四日。青森港周辺や青函連絡船が米軍機から猛烈な爆撃を受けた。青函連絡船のうち八隻が沈没し、二隻が座礁炎上、二隻が損傷した。情報統制のため東京大空襲の様子などは伝わってこなかったが、青森市民は空襲被害の凄まじさを目の前で感じ取っていた。

さらに七月二〇日ごろから、青森市上空に飛来した米軍機が伝単(空襲予告ビラ)を投下しはじめた。伝単には青森を含む一一都市が記載され、数日中にこれらの都市を攻撃すると書かれていた。すでに空襲の恐怖を知っている市民は、単なる脅しとは思わず震えあがった。

迫りくる空襲を恐れて、多くの市民が郊外へ次々に避難しはじめた。

当時の青森県知事は、かつて内務省の検閲課長として剛腕をふるった金井元彦だった。避難する市民に対して、

「七月二八日までに青森市に帰らないと、町会台帳より削除し、配給物資を停止する」と通告した。青森市も同様の通告を発した。当時の地元紙は次のように報じている。

逃避市民に〝断〟
復帰は廿八日迄
青森市無届に配給停止
海運關係功勞者表彰
日華協會で留日中國人に見舞金

写真5　『東奥日報』1945年7月21日付

「逃避市民に〝断〟　復帰は廿八日迄」

敵機来襲に怯えて自分達一家の安全ばかりを考へ、住家をガラ空きにして村落や山に逃避した市民に対し、青森市では市の防空防衛を全く省みない戦列離脱者として「断」をもつて望む事になった。住家をガラ空にしてゐる者は二十八日迄に復帰しなければ町会の人名台帳より抹消する、従って一般物資の配給は受けられなくなるから、疎開するならば至急青森市警防課に対し家族疎開又は留守担当者の正式届出を行はねばならぬ、注意事項次の通り

一、逃避者は二十八日迄に復帰しなければ町会台帳より削除する、従って物資の配給が停止される、但し一家の責任者が復帰して家族疎開の正式手続をするのは差支ない

一、留守担当者を必ず一名置く事

一、疎開学童の物資配給を受入先より受けんとする者は、町会を経て市役所異動証明をとり疎開先役場に至急送付すること

（『東奥日報』一九四五年七月二一日付）

市民は驚いた。物資窮乏の折から食糧配給の停止は生存手段の喪失を意味する。町会台帳からの削除は「非国民」のレッテルとなり、社会から抹殺されるに等しい。それが空襲の恐怖を上回る重圧となった。逃げるよりも青森市内に戻った方がましだと、やむなく市民は七月二八日の期限までに青森市内に戻ってきた。

◆戻ってきた家族を襲った「予告どおりの空襲」

当時小学六年生だった富岡せつさんは、空襲を恐れて青森市から逃げていた一人である。両親は市内に残り、叔母と従妹二人（〇歳と一歳）と一緒に青森県木造町の親戚宅へ避難していた。木造町は青森市から西へ約三〇キロ、現在の青森県つがる市である。

そこへ、「七月二八日までに戻らないと配給停止」という話が飛び込んできた。

富岡さんは、当時をこう振り返る。

配給が停止されたら、子どものミルクがもらえない。これは大変だと思って急いで帰ることになったんです。〇歳の子は私がおんぶして、一歳の子は叔母がおんぶして、二八日昼すぎの汽車で青森市に戻ってきたんです。同じように青森市へ帰ってくる人が大勢いました。

自宅へ戻った富岡さんに対して、父親は「なぜ帰って来たんだ。今日は危ないから戻った方がいい」と言ったという。父親も、伝単（空襲予告ビラ）をみて空襲を恐れていたのである。数度にわたり投下された伝単だが、特に前日の七月二七日には大量に投下されていた。

まさにその晩、市民が戻ってくる期限とされた夜に、青森市上空に約一〇〇機のB29爆撃機が飛来し、午後一〇時半から約一時間二〇分にわたり五七四トンの焼夷弾を投下した。大火災によって七二八人が死亡し、負傷者二八〇人、行方不明八人、建物被害一万五〇〇〇軒という甚大な被害となった。

私は、父や兄と一緒に空襲の火が迫るなかを逃げました。夜中なのに大火事で明るくて、火の粉や熱風が吹いてきます。最初に入ろうとした防空壕は人が一杯で入れなかった。別の防空壕を探して入ったけど息苦しくなり、父が『ここにいると危ない』と判断して出ました。次に入ることができた防空壕も、外からの熱風がすさまじく、置いてあった布団に水をかけて風よけにしましたが、危うく蒸し焼きになるところでした。

Ｂ29が去って一命を取りとめた富岡さんだったが、避難先から一緒に戻ってきた叔母と従妹二人は、別の防空壕で蒸し焼きになって死亡していたという。

避難先から一緒に戻ってきたばかりに、私以外の三人が亡くなってしまったのです。小さい赤ちゃん二人まで死んでしまって……。

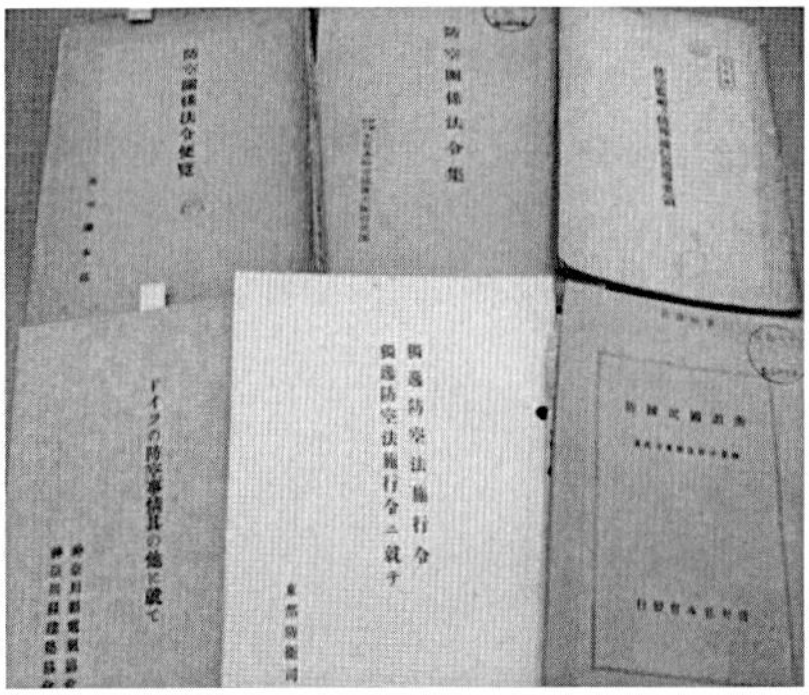

写真6　防空法令に関する公刊冊子。国内法規だけでなく、外国の防空法制の和訳解説書もある。

青森県知事や市長が発した通告は、「防空法」という法律に基づいていた。防空法八条ノ三は内務大臣が都市からの「退去禁止」を命令できると定め、その権限は防空法施行規則九条ノ二により県知事（地方長官）にも与えられていた。

空襲予告ビラが投下された後、市民は「危険だから避難せよ」ではなく「逃げるな」と命令された。そこに、「守るべきものは何か」をめぐる防空法の根本的問題性があらわれていた。

■二■　防空法の制定――何を守ろうとしたか

◆「防空」とは――防空法一条

「防空法」は、一九三七（昭和一二）年四月五日に帝国議会で可決成立し、同年一〇月一日に施行された。

「防空」とは、敵機発見のための防空監視や空襲警報発令のほか、爆撃を受けた際の災害対応などを含む態勢および活動全般を指す用語である。本来は国家の軍事部門や警察部門が担う事項である。しかし、防空法一条は、「防空」の意義を次のように規定し、国家機関ではなく国民に対して幅広く防空義務を課している。

防空法（昭和一二年法律第四七号）

第一条　本法ニ於テ防空ト称スルハ戦時又ハ事変ニ際シ航空機ノ来襲ニ因リ生スベキ危害ヲ防止シ又ハ之ニ因ル被害ヲ軽減スル為陸海軍ノ行フ防衛ニ則応シテ陸海軍以外ノ者ノ行フ燈火管制、消防、防毒、避難及救護並ニ此等ニ関シ必要ナル監視、通信及警報ヲ、防空計画ト称スルハ防空ノ実施及之ニ関シ必要ナル設備又ハ資材ノ整備ニ関スル計画ヲ謂フ

このように、軍が行う防空活動（軍防空）と不可分一体の形で、国民が国防目的に奉仕して国家体制を守る義務を負うことを、「国民防空」（あるいは「民防空」）という。

防空法を軸とする国民防空体制は、何を守ろうとしたのか。防空法制定によって国民の生命や財産は守られたのか。これが本書の重要テーマである。

ところで、防空法一条には、空襲時に最も重要と思われる「防火、防弾」が含まれていない。意外なようだが、制定当初は、第一次世界大戦時に使用された毒ガスの威力が注目されていた。木造建築が多い日本においては焼夷

弾攻撃に対する早期消火が必要であるという意識は、まだ希薄だった。第一条に「防火、防弾」が追加されるのは、後でみる一九四一（昭和一六）年改正のときである。

◆一番大切なのは「市民の訓練」

「防空法」制定の四年前、一九三三年三月。衆議院に「防空施設促進ニ関スル建議」が提出され、防空法の必要性が議論された。わずか四項目の建議であるが、防空法の制定目的は明瞭に示されている。

防空施設促進ニ関スル建議
邦家内外ノ情勢ニ鑑ミ我ガ国土防空ヲ促進スル為政府ハ速ニ左記事項ヲ実施セラレムコトヲ望ム
一　防空法ノ制定
二　国土防空ノ統制、調査機関設置
三　都市防空ニ関スル市民訓練竝《ナラビニ》助成機関ノ設置
四　国土防空事業ノ一項ヲ小學校用国定教科書中ニ掲載スルコト
（一九三三年三月二五日、衆議院本会議で成立）

この建議の趣旨説明に立った江藤源九郎議員（在郷軍人）は、「我国ノ防空施設ガ欧米各国ニ比シマシテ、非常ニ貧弱デアルト云フコトハ、私ノ呶々《ドド》ヲ要セヌコト、思フノデアリマス」と述べ、特に大阪・名古屋に比べて東京での防空施設整備が遅れていると主張した。これに対して答弁に立った牧野良三逓信政務次官は「極メテ同感ノ意」を表した。また、山岡重厚陸軍少将は、建議案三項の市民訓練に関して、「一、番、大、事、ナ、ノ、ガ、市、民、ノ、訓、練、デアリマス。機械ハ備付ケラレマスケレドモ、市民ノ訓練ニ至ッテハ非常ニ難シイト思ヒマス」と答弁した（衆議院建議委員会・

一九三三年三月二日)。

訓練が大事だという陸軍少将の言葉どおり、この四年後に正式提案された防空法案は、市民を防空演習に強制参加させることに主眼が置かれた。

◆全二二カ条――国民へのインパクト

制定当初の「防空法」の条文は、全部で二二カ条。現実の空襲を想定した退去・避難や消火活動についての規定はなかった。

それでも、この法律制定によって、国民は防毒・救護活動、防空訓練への参加、設備資材や土地家屋の供用・使用・収用、燈火(灯火)管制などを、初めて法的に義務付けられた。

防空訓練には二通りの実施形態があった。一つは、地方長官による防空計画(二条)に基づき各地で実施される防空訓練である。実施区域の住民が参加協力を強いられることになるが、特に燈火管制については明文で「他ノ法令ノ規定ニ拘ラズ光ヲ秘匿スベシ」(一〇条三項)と規定された。

もう一つは、指定事業所が作成する防空計画(三条一項)に基づいて職域ごとに実施される防空訓練である。防空法施行令二条は「工場、鉱山、鉄道、軌道、水道または電気、瓦斯、石油、電気通信、海運もしくは航空に関する事業または施設」が防空計画を設定することと定め、これらの民間事業所の従業員は防空法一〇条二項により防空訓練への従事を義務付けられた。

こうして、多くの国民が防空訓練や燈火管制への従事・協力の義務を課せられることとなった。

また、第九条は次のように定めており、防空のために国民の土地・家屋を提供させることも可能となった。

防空法　第九条一項

防空ノ実施ニ際シ緊急ノ必要アルトキハ地方長官又ハ市町村長ハ他人ノ土地若ハ家屋ヲ一時使用シ、物件ヲ収用若ハ使用シ又ハ防空ノ実施区域内ニ在ル者ヲシテ防空ノ実施ニ従事セシムルコトヲ得

コンパクトな法律だが、インパクトは絶大だった。それまでの防空訓練には法的根拠がなかったので任意の協力しか求められなかったが、これからは訓練への参加を強制できる。さらに、以下の三項目については罰則が定められ、刑事処罰が可能となった（一八条・一九条）。

・燈火管制違反（三百円以下の罰金、拘留、または科料）
・防空に関する資料提出および立入検査への協力義務違反（同右）
・特殊技能者の防毒・救護・防空従事命令違反（三ヶ月以下の懲役または百円以下の罰金）

衆議院本会議では、「罰則が余りに重きに失しはしないか」と質問した藤山貞吉議員に対し、河原田稼吉内務大臣が「一人の燈火管制に従わなかった者がある為に、或はそれが目印となって非常に大きな害を及ぼすと云ふこともあるのでありますから、之に対しても相当な処罰規定を設くることは適当のやうに思ふのであります」と答弁している（一九三七年三月二三日）。

政府が「法律による強制」を重視していたことは、帝国議会に上程された防空法案についての河原田稼吉内務大臣の趣旨説明からも分かる。

……近年航空機の著しき発達に伴ひ、各国とも競って空軍の充実に力を致しつゝある現状でありまして、是より考えます

るに、一旦他国と干伐を交ふるが如き状態と成りましたる場合、敵機の来襲竝に之に因る危害の発生は、之を予想せざるを得ざる所でありまして……我国に於きましても、数年来各地方に於て防空演習を行ひ、空襲の場合に処すべき国民の訓練に努めつつあることは、既に御承知の通りであります。
併《しかし》ながら従来より行ひましたる防空演習なるものは、之を法規に基づき実施致して居るものでなく、即ち適宜官民の申合せに依り、適当に之を行ふに過ぎないものでありまして、……平素統制ある訓練を行ふと共に、必要な設備資材等の整備を為し、且つ其費用を負担すべき者を定め、又は国民に対して或種の義務を命ずるの必要を感じ、即ち防空に関する法規を制定するの必要なることを認め……」（衆議院本会議・一九三七年三月二二日）。

ここで「一旦他国と干伐を交ふるが如き状態と成りましたる場合」には重大な危害を被ると述べているが、すでに日本軍は中国で都市空襲を実施していた。一九三一年一〇月八日、爆撃機一二機による中国遼寧省・錦州への空襲（錦州爆撃）である。当時の政府は、空襲する側のリアリティーは備えもっていたのであろう。

◆国民を守るための法律ではない

帝国議会での趣旨説明のとおり、航空技術の発達による「国土防衛」の変容が、政府を防空法制定に向かわせた要因である。第一次世界大戦末期にドイツ空軍が飛行船ツェッペリンを使用したパリ夜間空襲が知られていたほか、防空法制定と同時期にドイツ軍はスペイン内戦下のゲルニカを空襲した。「前線と銃後」の区別が希薄となり、職業軍人だけではなく全国民を都市防衛体制に組み込む必要性が認識されていた。

もっとも、防空法が成立した当時は、まだ日本への空襲が危惧される状況にはなかった。まもなく盧溝橋事件に続いて日中戦争が本格化していくが、実際に日本が初空襲を受けたのは五年後である。なぜ、この時期に防空法が制定されたのか。

内務大臣の趣旨説明によれば、「平素統制ある訓練を行ふ」ため、つまり有事になってからではなく平時から訓練をさせるための法案だという。いつでも戦争体制に移行できる体制づくり。そのためには国民を防空訓練に参加させて、戦争協力は国民の義務という思想を植え付けるのが効果的だったのであろう。

法案の趣旨説明では、一言たりとも「国民の生命を守るため」とは述べられていない。そこに防空法の核心がある。つまり防空法は、現実に予想される空襲から国民を守るための法律ではない。守るべきは都市であり、国土であり、国家体制である。

「反射的利益」という法律用語がある。防空法制は国家体制を守ることを主たる目的としているのであって、それによって国民の生命が守られることは「反射的利益にすぎない」という言い方をする。たしかに、そのような副次的効果があるならば反射的利益と言ってもよい。しかし実際は、国民の生命保護は反射的利益ですらなかった。むしろ、国民は「命を捨てて国家を守れ」と命じられたのであるから、国家体制と生命保護とは対立利益の関係にある。優先されたのは人命ではなく国家体制であった。

◆完全な防空よりも「とりあえず訓練と最小限の設備」

内務大臣による趣旨説明のなかで挙げられた防空法案の重要ポイントは、次の八つである。

一　防空の実施は防空計画に基づくこと
二　地方長官、市町村長、特に指定された者（行政官庁以外の者）による防空計画の設定
三　特定の者に対して防空計画遂行上必要なる義務を課し、燈火管制に際し一般国民に「光の隠匿」を義務づけたこと
四　主務大臣の命令・統制下での防空訓練の実施
五　防空に関する費用負担

六　防空実施にかかる損失補償
七　中央・地方防空委員会の設置
八　勅令による施行時期の決定

（『衆議院議事速記録』第二八号七四七頁）

防空法一条には、防空の意義として「避難」と「救護」という言葉があった。しかし、趣旨説明で挙げられた八つのポイントには、その具体策は含まれていない。それどころか、一九四一年改正以後は「避難」は禁止された。そのことからも、防空法が国民を守るための法律ではないことが分かる。河原田内務大臣は衆議院本会議で次のように述べている。

防空を完全にしますには、建築物とか、或は道路とか或は水道の設備其他に付て根本的に考へる必要はありはせぬか、斯う云う御意見に対しましては、洵《まこと》に御尤《ごもっとも》の次第と考へるのであります。さりながら、是等の問題は或は国民経済、或は国家の財政と云ふことにも関係致しまするので、今回の防空法案は取り敢へず一般国民の訓練と、且つ最小限度に於ける設備を命ずると云ふやうな程度に止めたのであります。（衆議院本会議・一九三七年三月二三日）

狭い道路に面して密集する木造家屋。不十分な防火用水。そうした現状を認めながらも、財政上の制約があるから「とりあえず」の防空訓練と施設確保を定める法律。その後の改正でも、避難や人命救助を促す規定が盛り込まれることは一度もなく、とりあえずの状態はそのまま終戦まで続いた。

◆「本当の防空というものができるか」

この防空法案に疑問を投げかけた議員がいた。衆議院本会議での審議二日目に登壇した野中徹也議員である。もと新聞記者であり、第一次世界大戦後にドイツ留学経験のある議員としての見識がうかがえる質問である。

私共は此の防空法に於て、果して本当の防空と云ふものが出来るかどうか。假令《たとひ》内務大臣の予定されて居る通り、総ての機械なり総ての組織なりが完成せられたとしても、果して之を以て真の防空と云ふものは為し得るや否や、そこに非常な疑問を懐かざるを得ないのであります。……それでありますから、此の点から見ましてかなりの犠牲の大きさを私共は感ずるのであります。……どちらかと言ふならば、去年あたり東京市内に行はれました防空演習の如きは、子どものわるさでありま す。あゝ云ふものでは私共から言はせるならば、本当の防空と云ふものは完備しないと思ふ……（衆議院本会議・一九三七年三月一三日）。

政府・軍部に異を唱える質問であり、当時の帝国議会においては勇気のいる質問であろう。信濃毎日新聞の主筆であった桐生悠々が社説「関東防空大演習を嗤ふ」を執筆して陸軍の怒りをかったのは三年八ヶ月前のことである。これに対する河原田内務大臣の答弁は、「防空の問題は此の法案だけで万事了れりと云ふ訳ではないのでありまして……」という歯切れの悪いものであった。

法案審議の全体を通じて批判的な発言は乏しく、国民の生命や財産を守るという視点は希薄だった。衆議院では、本会議で二日間、防空法案委員会で四日間の質疑がなされた後、本会議で全会一致により可決。直ちに貴族院に回付され、本会議では即日質疑を終了して特別委員会に付託。そして貴族院本会議での採決に持ち込まれた。防空法案特別委員長が本会議場でおこなった審議報告は、次のようにいう。

（本法案は）……寧ろ防空演習法案と云ふやうに感じられるのでありますが……この原案で宜しいと云ふことになりまして……特別委員会は原案通り可決致しました（貴族院本会議・一九三七年三月二〇日）。

その日のうちに防空法は可決・成立した。短期間で制定された防空法であるが、政令や規則の具体化には時間を要するとして、法律施行日は一年後を予定していた。ところが七月七日の盧溝橋事件による日中戦争の本格化を受けて、半年後の一〇月一日に早められた。防空法施行令、官庁防空令、防空法樺太施行令ほか朝鮮、台湾、「関東州」に同法を適用する一連の施行令も、同時に施行された。

法制定後に内務省が作成した「防空指導一般要領」（昭和一二年一二月一七日）の第一項には、「防空ハ国民全般ノ国家ニ対スル義務タルコトヲ認識セシメ教育訓練ノ徹底ヲ図リ……」、第四項には「防空訓練ニ付テハ防空ニ関スル国民一般ノ理解ト関心トヲ徹底シ有事ニ際シテノ覚悟ニ資スルト共ニ……」とある。平時の防空訓練は、戦局悪化とともに有事の覚悟を迫る悲壮感を帯びていく。とりあえずの「防空演習法案」が、その後の法改正で「退去禁止・消火義務付け法」へと変容し、空襲被害を拡大させる要因となっていく。

■三■　初期の防空訓練と燈火管制

◆「防空法」制定前の防空演習――防火よりも防毒

野中徹也議員が「子どものわるさ」と評した防空演習は、どのようなものだったか。

日本で最初の都市防空演習は、一九二八（昭和三）年七月五日から三日間、大阪市で実施された。市内各所で、防毒、消防、救護、燈火管制の訓練が行われた。翌一九二九年には、名古屋で同様の訓練が行われた。一九三〇年代に入ると、軍港や軍事施設のある都市を中心に、防空演習が盛んに行われるようになる。しかし、当時は、空襲への現実的危機感は希薄で、市民の関心はいま一つ盛り上がらなかったようである。

この頃は、焼夷弾よりも第一次世界大戦で使用された毒ガス兵器に対する防毒訓練のほうが重視されていた。一般的な消火訓練よりも、毒ガスの恐怖を強調して国民の危機感をあおることが、地域社会・市民の「下から」の動員をはかり、管理・統制する上で効果的と判断されたようである。

一九三二（昭和七）年、軍港都市の佐世保でも「佐世保軍港連合防空演習」が実施された。佐世保薬剤師会編『毒瓦斯空襲ニ對スル知識概要』によれば、この演習は「佐世保防毒演習」とも呼ばれ、防毒訓練が重視された。薬剤師会編集の冊子だけあって、毒ガスそのものやガス防禦知識、毒ガス中毒に対する治療法、防毒中和剤等の記述が、化学式や製造法から説き起こされ、実に詳細に記述されている。一九二九年から、陸軍は広島県竹原沖の大久野島で、毒ガス製造を大規模に開始していた（後に中国戦線で実戦使用）。防毒演習が実施され始めた時期は、大久野島での毒ガス製造の開始と妙に符合する。

写真7　戦時中、日本で使用された防毒マスク。

◆「家庭防毒十則」が強調する自己防護

防空法制定直前に出された東部防衛司令部編『わが家の防空』（昭和一一年）の裏表紙には、次のようなスローガンが掲げられている。

「空襲だ！水だ！マスクだ！スウキッチだ！」

「一に灯管（灯火管制）・二に防火・三に防毒・四に笑顔」
「防火防毒洩らすな灯火・断じて守れ国の空」

当時の宣伝冊子類には、焼夷弾よりも毒ガス対策が大きなスペースを割いて紹介されている。第四師団司令部編『家庭防空』（一九三六年）には、「都市に対するガス空襲は市民を殺傷する効力よりも寧ろ精神的脅威を与へる効果が大である」とある（三〇頁）。姿が見えず、何処ともなく忍び寄る「毒ガス攻撃」の恐怖や不安を煽ることは、地域社会や市民の管理・統制には実に効果的であったといえよう。

当時、「家庭防毒十則」という標語も唱えられた。一番は、「軍隊、警察、防護団、頼り過ぎては却って危険、家を護るは家庭の責務」。一〇番は、「警戒警報あるときは遠出は控へ天気でも、ゴム引きマントや油紙、ゴム長履いてマスク持て」である。

ちなみに、「家庭防火十則」の一番は「火事は最初の五分間、焼夷弾は最初の三十秒」。「落ちた途端に拾って投げよ、用意のシャベルで庭先へ」が一〇番である。「家庭防空」の原則として、「敵が焼夷弾を投下したら、その家庭で焼夷弾を仕末《ママ》をなさい。敵が瓦斯弾を投下したら、各家庭自らその家族を保護なさい」ということが強調されていた（前掲『わが家の防空』一頁）。民間防空では、家庭を主体とした「自己防護」が重視されたのである。

なお、防空法の制定後も、「自己防護」を基調とする点は変わらなかった。内務省が作成した「防空指導一般要領」（昭和一二年一二月一七日）は、「自衛消防（家庭消防）ヲ発達セシムル如ク指導スル」、「各家庭ニ防火思想ヲ普及シ防火方法ヲ訓練シ自治的ニ隣保共助ノ精神ニ依リ各種火災ノ発生ニ際シ応急消防ニ遺憾ナキヲ期セザルベカラズ」、「一般ノ防毒知識ノ向上ヲ図リ簡易ニ自衛ノ措置ヲ講ジ得ル如ク指導スル」、と定めていた。

◆実際の防毒効果よりも重視されたものは

「自己防護」による毒ガス対策の具体的内容を見てみよう。まず、各家庭内に防毒マスクを備えるほか、「防毒室」や「防毒蚊帳《かや》」を設置するように指導された。

「防毒室」の「棲息可能時間例」として、例えば、四畳半に四人の場合、約七時間。防毒蚊帳は四畳半吊で、四人で約三時間半とされている。一人一時間〇・八立方メートルあれば、無換気でも生存が可能と見積られていたのである。ここで想定されているガスは、窒息ガス、くしゃみガス、催涙ガス、糜爛《びらん》ガス（持久性）の四種類。毒ガスから身を守るために着用する防水手袋や油外套、ゴムマント、油紙、長ゴム靴の手入れ・保存なども各家庭に義務づけられた。

ただし、「防毒室」は、一般の家屋の一室をあて、建具の隙間に紙を糊づけして目張りするという程度のもので、その気密性はかなり怪しい。陸軍科学研究所編『市民ガス防護必携』（昭和一〇年）によれば、「防毒蚊帳」は、麻糸等にゴム引布、防水紙、障子紙等を蚊帳状に張り合わせ、下部を書籍や座布団でおさえて隙間を塞ぐようにしたものであった（四六頁）。

いま、我々の目から見ると、もし実際に毒ガスが流れてきたとしたら、「防毒室」や「防毒蚊帳」で防ぎうるとは到底思えない。しかし、先にあげた防毒用の道具類は、防毒マスクを除けば家庭で簡単に手に入る材料で作ることができる。このような材料を使った毒ガス対策の宣伝は、実際の防毒効果よりも、それによって国民のテンションを高めることに主眼が置かれていたといえよう。

◆懸賞当選小説にみる「毒ガス攻撃」への対処

一九四〇年代に入り、東京市防衛局は、防空体制強化のため、防空に関する小説や戯曲などを懸賞募集した。その当選作品、松村清「いざ来い敵機」という「小説」のなかにこんなくだりがある（夫が第一次大戦での毒ガス戦について妻に話をしている場面）。


「まあ！　でも貴郎《あなた》、毒瓦斯《ガス》なんて、今度の世界戦争で、未だ何処の国でも使ってはゐないでしよ？」

夢のやうに甘い新婚の語らひかと思へば、これはまたなんと、恐ろしい毒瓦斯の話とは……。二人はやっぱり何処か似た者夫婦だった。

「うむ、いまのところはね。だが戦争は手段を選ばないんだからな。敵がいつこれを使わないとも限らない。一八九九年のヘーグ会議で、毒瓦斯の使用は残酷だから止めやうと、決めたのは、いつか約束を破る人間同志の、気休めなんだよ。しかもアメリカ代表ハーマン提督は、その会議の席上で、皮肉にもはっきりと将来を断言して、列席の各国代表の舌を巻かして了ったんだ。」

「あら、どう言って……？」

「……それはつまり、人道的見地から云へば毒瓦斯の使用は、大して残酷じゃないと云ふんだ。少くとも魚雷を駆って相手を撃沈溺死させることに比べれば、毒瓦斯で敵を窒息させるのも同じことだ。新しい戦法はその出現当初、兎角野蛮残酷視されるものだが、結局各国は競ってこれを採用するやうになる。……と斯ふ云ふのだよ。」

「今度の戦争で、病院船や俘虜護送船を平気で撃沈してゐる米国の、先輩らしい言葉ですわね。」

「全くだよ。そして世界各国は、秘密裡に、新しい毒瓦斯の発見研究に、絶へず脳味噌を絞ってゐるわけさ。毒瓦斯の王イペリット、死の露と呼ばれるルイサイトなどの糜爛瓦斯の出現は、ヘーグ会議を皮肉に嗤ってゐる悪魔の形相を思はせる……。」——


（『防空物語・七篇』東京市防衛局発行〔一九四三年〕四〇〜四一頁）

イペリットやルイサイト等々、具体的な毒ガス名が出てくる。アメリカを非難しているが、日本軍はこの当時、すでに中国戦線で毒ガスを使用していたのである。さらに、この「受賞作」には、こんな精神訓話めいたくだりもある。文中の「防毒面」とは防毒マスクのことである。


「奥さん、毒瓦斯ですって！」

　見れば隣の奥さんは防毒面の用意がない。

「奥さん、さあ早くこの防毒面を……」

　理恵は防毒面を隣の妻君の方へ差出した。

「でも奥さん、貴女は？……」

　隣の妻君はもう死の恐怖で、蒼白い顔の眼を瞠った。やがてあの恐しい毒瓦斯が、自分達の集團を、風の如く襲って来るのだ。……「さあ早くッ」

　躊躇している場合ではない。理恵は無理に押しつけるやうに、隣の妻君に防毒面の装面をしてやった。二人に一個の防毒面だ。一人は斃れなければならぬとしたら、どちらが死ぬべきだらう。隣の妻君は妊娠している。一人と云へすぐ二人になるべき身体だ。二人と一人の生命なら当然二人を生かすべきだと、理恵は咄嗟に決断したのだ。……表の方から組長が駆けて来た。

「大丈夫もう敵機はありません。それに駅前の大通りへ落ちた爆弾で、水道、瓦斯の鉄管が破裂したんですが、今工作隊が復旧工事の最中ですよ。その瓦斯の洩れを誰か間違って毒瓦斯だなんて早合点の聞き違ひをやったんですが…。今警察の方から特に注意がありました」

　理恵は大急ぎで口の手拭いをはずした。——

写真8　1940年に実施された防空訓練。この頃は、毒ガス対処が重視されていた。

◆「攻撃」のノウハウから得た「防護」の知識

ところで、前記『市民ガス防護必携』には、ホスゲンやイペリットなどについて、その被毒症状の微細・詳細な記述や効果的な治療法に至るまで、およそ実際に使用してみなければ分からないようなくだりが実に多く見られる。毒ガスに対する「防護」の知識は、「攻撃」のためのノウハウの開発・実践のなかから得られてきたものといえる。前述したように陸軍は、大久野島で毒ガスを大量に製造し、中国戦線で実戦使用していた。戦後五〇年を経て明らかになったＧＨＱ極秘報告書によれば、戦時中に陸軍が製造した毒ガス兵器は五一七万発。そのうち三七〇万発が大久野島の毒ガス工場で製造されたという（『中国新聞』一九九五年五月二五日付）。

東京市防衛局長の孤田康一陸軍中将はいう。「今度の戦争がはじまって見ると、一向どこの国も毒ガスを使はない。毒ガスの爆弾もかけ声だけはやかましいが、まだ実際に使はれたことは聞かない。……〔だが〕必ず不意に使ひ始める国がありさうである。しかもその国はおそらく米国で、わが日本に対して、飛行機から落とすガス弾として使ひはしないかと思はれる。米国はもともと毒ガスの原料の沢山出る国だし、日本の国民を毒ガスに驚く国民と見くびってゐるだらうから」（『防空読本』〔時代社、一九四三年〕七八頁）。

一方で、自国で毒ガスを製造・使用しながら、国内に向けてはその「見えない」脅威を叫ぶ。このようにして、最初の防空演習（一九二八年七月五日）から、本土初空襲（一九四二年四月一八日）まで、約一四年もかけて、市民生活の細部にわたり緊張を高める宣伝が繰り返し行われ、「民間防空体制」が整えられつつあったのである。

◆「主婦之友」で詠まれた燈火管制

燈火管制の小暗き部屋に五齢蠶《れいご》は音たくましく桑を食むなり

白尾ゆき枝（岐阜）

海近き町にしあれば燈火管制瞬時たりともゆるがせにせず
内村弘子（静岡・沼津）

空襲に備へて洩る、灯もなきに杳《はる》かに白し月夜の富士は
鈴木好江（静岡・三島）

※五齢蠶《ごれいご》＝蠶は「かいこ（蚕）」である。「齢」は昆虫の幼虫期における発育段階の単位であり、蚕は五齢まで成長すると繭をつくる。

戦時中の『主婦之友』の短歌欄。三一文字のなかに「燈火管制」を詠んだ歌である。前二者は一九四二（昭和一七）年八月号と一一月号の作品。ともにその月の二等（賞金五円）に入っている。選者・若山喜志子は、前者について「巧者な歌と言ふべきでせう。一点非のうちどころもありません」と絶賛。後者については、「線太く一気にうたひあげたところに実感の強さがある。女性の作としては『瞬時』が少々気になるけれど……」とコメントしている。

三つ目は、一九四三（昭和一八）年一〇月号で「秀逸」（賞金一円）に入選した作品。作者の住む三島の町並みも工場も、月明かりに美しく浮かび上がっていたことだろう。月や星に対して、燈火管制はまったく無力だった。

燈火管制とは、「もっと光を！」の逆をいく、「もっと光を遮《さえぎ》れ！」の究極の世界。市民の日常生活の光を、国家が管理・統制する。何のために。「燈火管制は要地及其附近を暗黒ならしめ以て敵をして遠方より目標発見を困難ならしむる

写真9　燈火管制に関する道具類。右上のカバーは、光が外に漏れないよう電球にかぶせるものであり、商品名は「愛国防空カバー」。

を目的とす。……之が実施に方《あた》りては市民の規律と徳義心とに訴ふる処甚《ところはなは》だ大なり」（『陸海軍軍事年鑑』昭和一四年版〔日本図書センター、一九八九年復刻〕五五八〜五五九頁）。

「地上の暗黒」をつくるため、市民の日常生活から「光」を系統的に駆逐する準備がなされていく。

一九三三（昭和八）年八月の関東防空演習記念絵はがきは、燈火管制が中心である。「警報班の活躍」「最新式照空機及聴音隊の活躍」など、妙に派手な訓練が目立つ。だが、電気事業関係者が関東防空演習を調査分析した『燈火管制調査委員会調査報告書』（昭和一〇年一〇月）を見ると、関東地区の電気工作物に防空を考慮した設備がほとんどないなど、燈火管制の不備が嘆かれている。

翌一九三四年七月に近畿二府六県で実施された近畿防空演習の際、滋賀県が家庭に配付したポスター（「燈火管制と其の警報」）は華々しい図柄である。空襲警報の方法として花火（奉祝花火と同様のもの）、警報解除の方法として太鼓が入っている。空襲のリアリティがまだ希薄だったことを示している。

◆「燈火管制」をトップに据えていた防空法

「夜の世界を昼の世界と同様の活動の舞台とし得るやうに、愈々《いよいよ》あかるい照明が工夫せられ、益々華やかな燈火が考案せられる。燈火管制はまさにこれに正面衝突である」（『燈火管制指針』〔巌松堂、一九三八年〕一一頁）。その法的根拠が、防空法であった。

防空法第一条が列挙する防空活動のトップが「燈火管制」であった。「消防」「避難」「救護」などの項目よりも前に置かれていた。一九四一年改正で、さらに「偽装」「防火」「防弾」などが加わったが、まだ「燈火管制」はトップの座をキープしていた。

さすがに空襲が現実のものとなってきた一九四三年の改正法では、「監視」がトップ項目となり、「燈火管制」は一気に四番目に後退したが、すでに燈火管制は市民にとって何にも優先して実施すべき国家的義務となっていた。

燈火管制について直接規定するのは、防空法八条である。その条文は、「燈火管制ヲ実施スル場合ニ於テハ命令ノ定ムル所ニ依リ其ノ実施区域内ニ於ケル光ヲ発スル設備又ハ装置ノ管理者又ハ之ニ準ズベキ者ハ他ノ法令ノ規定ニ拘ラズ其ノ光ヲ秘匿スベシ」とある。

「光」を秘匿する。これは存外大変なことである。夜間に無灯火でいることは危険であるばかりか、違法となる場合も少なくない。当時の自動車取締令、軌道運転信号保安規程、海上衝突予防法は、車両や船舶に夜間点灯を義務づけていた。防空法八条が「法令ノ規定ニ拘ラズ」としたのは、これら夜間点灯義務に対して、燈火管制を優先させるという意味である。

◆マッチ一本まで禁止する暗闇づくり――燈火管制規則

防空法八条を具体化する省令として、燈火管制規則が定められた（一九三八年四月四日）。これこそ、「地上の暗黒」を演出する基準であった。同規則は、燈火管制を「警戒管制」と「空襲管制」とに大別し、これに対応する「光の秘匿の程度」を、別表で詳しく定めている。

別表は七種類もある。一号表＝一般の屋外燈（広告看板、装飾燈、街路燈等）、二号表＝一般の屋内燈、三号表＝一般（道路）交通、四号表＝鉄道、五号表＝船舶、六号表＝航空機、七号表＝火焔其ノ他ノ光である。「其ノ他」には、「炭火、マッチ、ライター、煙草等ヨリ発スル光、写真撮影用閃光」も含まれる。ちっぽけな煙草の火まで統制の対象とは恐れ入る。「マッチ一本火事のもと」ではなく、「マッチ一本、敵機の目標」というわけか。

「秘匿ノ程度」は、「消燈（消光）」から、「隠蔽」、「減光」、「減光且遮光」、「漏光制限」に至るまで、これまた実に細かい（以下、前掲『燈火管制指針』二七～二〇六頁参照）。

まず、「消燈」。ただ単に消すだけ。「隠蔽」とは、「開口部其ノ他ニ覆ヲ施シ外部ニ対シ漏光ナカラシムルヲ謂フ」(規則九条一項)。光源から直接出る直射光だけでなく、材料などに反射して漏れる反射光も完全にカットすることが要求された。次に、「減光」。完全に消さないで、一定限度以下に暗くすること。「減光」の程度は、ルクス、透視距離などであらわす。さらに、「減光且遮光」。「減光」を行った上で、「遮光」をする。「遮光」とは、「光源ニ対シ直接覆ヲ施シ又ハ之ニ準ズル方法ヲ講ジ各表ニ掲グル条件ニ依リ光ヲ遮ルヲ謂フ」(九条二項)。「遮光」の主眼は、上空に向かう光を遮ることとされた。材料も光の透過率の低いものを使う。黒布なら、厚手のもの。薄ければ何枚か重ねることが必要。光源の下端より遮光具の下端に引いた線が光源の下方に向かい水平面と二〇度以上の角をなすことなのだそうである。だが、これほど細かい規制基準が実際に守られていたのだろうか。

◆「徹底」と「緩和」のジレンマ

完全な暗闇を作りだそうとすれば、夜間の計画的停電(統一管制)がもっとも効果的であるが、軍需生産や戦争遂行への支障も大きくなる。それを回避するため電力供給は停止せず、例外的に「特別ノ事情」があるとして地方長官(知事)が指定した者(規則五条二項)や、消防・人命救助など「緊急ノ必要」がある場合(六条一項)には、燈火管制下でも光の使用が認められた。

しかし、こうした例外が拡大・濫用されると、燈火管制が骨抜きとなってしまう。そこで内務次官から各地方長官(知事)宛に、「緊急ノ必要」による光の使用については「厳ニ濫用ヲ戒ムルコト」と通達された。さらに、光を使用した場合は警察署長に届け、警察署長は速やかに陸海軍司令官に通報することが義務づけられた(内務省通牒「燈火管制規則施行ニ関スル件」昭和一三年四月四日)。

燈火管制違反への罰則も強化された。当初の防空法は三〇〇円以下の罰金、拘留または科料としていたが、一九四一年改正で一年以下の懲役または一〇〇〇円以下の罰金に変わった。「光ノ秘匿ヲ妨害」する行為は、懲役に値する犯罪となったのである。

このように煩雑で細かな規制によって燈火管制を徹底することは、市民生活や軍需生産にも混乱と支障をもたらす。空襲が頻発する頃には、空襲警報のたびに燈火管制を貫徹することは難しくなった。防空総本部警防局長は「燈火管制ノ指導ニ付テハ往々行過ギニ亘ル区々独自ノ指導アリ……端的ニ消燈ヲ強要スル等ノ弊ニ陥ラザル様関係者ニ対シ留意セシムルコト」とする通牒を全国の地方長官宛に発した。空襲下においても燈火管制により生産増強や交通運輸に支障をきたさないよう「区々行過ギニ亘ル指導ノ絶無ヲ期スルニ努ムルコト」と指示した（「燈火管制強化ニ関スル件」昭和二〇年一月一二日）。東京大空襲の二ヶ月前のことである。

◆燈火管制の「目的」と「効果」

燈火管制を実施する目的・狙いはどこにあったのか。

燈火管制は、「敵機」に対して、国民が一丸となって「地上の暗黒」をつくろうという「運動」である。しかも、室内の電灯に覆いをつけるなどの比較的簡単な作業で、市民も「参加」できる。だが、近所に自分勝手な輩が一人でもいて、電灯をこうこうと点けていたら爆撃目標にされてしまう。「光を出す奴は非国民」とする集団意識が醸成され、市民による相互監視・統制は勢いを増す。

一九三八（昭和一三）年九月の広島で行われた防空演習の後、軍や行政関係者が「講評」を行った。第五師団防衛司令部の関係者はこう述べた。「頭隠して尻隠さず」「電車、自動車などの燈火管制はよくなっているが、裏通りはまだまだ駄目だ。『洩れる一燈敵機を招く』で、一人の不注意が大きな結果になることを認識してほしい」（『中国新聞』一九三八年一〇月一日付）。

防空訓練と同様、燈火管制もまた、無意味なことの繰り返しを強いることで、市民の不満を抑えるという付随的効果を伴ったことは否定できない。燈火管制は、米軍に対するよりも、むしろ国民生活の統制という内向きの狙いもあったといえるだろう。

では、燈火管制は実際に効果があったのだろうか。一九四四(昭和一九)年一一月に始まる本土空襲は、高々度昼間精密爆撃であった。昼間だから、燈火管制は無意味だった。都市に対する低高度夜間焼夷弾爆撃が開始されるのは、一九四五(昭和二〇)年三月の東京大空襲以降のことである。夜間爆撃能力も格段に進歩した。第二一爆撃機集団は、レーダー焼夷弾攻撃を行った。B29のAN/APQ－13というレーダー装置は、性能的には不十分さを残しながらも、次第に効果を挙げていった。しかも照明弾を散布しながらの爆撃。例えば、五月二三日の東京空襲に向かったB29爆撃機五六二機のうち四四機は照明機(先頭で照明弾を散布する役割)であった(『米国陸軍航空部隊史』五巻〔『東京大空襲・戦災誌』(東京空襲を記録する会、一九七三年)三巻七五九頁より引用〕)。

米戦略爆撃調査団による一九四五年八月から一二月までの調査をまとめた『米国戦略爆撃調査団報告書』(航空自衛隊幹部学校発行、一九五九年七月〔空幹校教資5－2－26－109〕一一二頁)にも、燈火管制が米軍に困難を与えたという記述は一切見られない。その中の『長崎における空襲防ぎょ、その関連事項に関する現地報告』によれば、日本では軍部以外の人間のほとんどは、アメリカが電子装置(レーダー)を使用して航空機を目標に導いているとは知らなかったため、「燈火管制の効力を不当に信頼させる結果を招いた」とされる。そのため、燈火管制は長崎での「生産(活動)を徹底的に妨害」する結果になったと評価している。真っ昼間に行われた原爆投下の現実からすれば、燈火管制に関する『報告書』の過度に詳細な記述は何とも虚しい。

一方、防衛庁は、燈火管制は無駄ではなかったと胸をはる。その論拠として『大東亜戦争間における民防空政策』〔防衛庁防衛研究所、一九八七年〕は、同『報告書』に「日本の目標暗黒化は絨毯《じゅうたん》爆撃でなく目標爆撃であったならば有効にその目的を達したであろう」と記載があることを指摘する。しかし、これはミス・リーディングであろう。住居地域への絨毯爆撃は、まさしくレーダーにより照準点を定めた目標爆撃であった（奥住喜重・早乙女勝元『新版・東京を爆撃せよ——米軍作戦任務報告書は語る』〔三省堂、二〇〇七年〕巻頭九頁）。国際法違反との批判をおそれたアメリカは、絨毯爆撃は目標攻撃ではなかったように言っているが、それを日本政府が言葉どおりに受け取る必要はない。

日本側がどんなに光を遮っても、爆撃する側に支障はほとんどなかったと言えよう。米爆撃機隊にとっての困難は、むしろ航空機の運航上障害となる強い西風など、日本上空の気象条件にあった（前掲『戦災誌』三巻八九一頁）。風速一〇〇メートルに達するほど激しく吹き、周辺に乱気流を付随して爆撃機の編隊を崩してしまう（これは戦後ジェット気流として知られるようになる）。

また、『報告書』はいう。日本の民防空の重点は、燈火管制と小型焼夷弾と火災の消火に置かれていたが、「（東京）大空襲後の防空活動に対する無気力さと人員の喪失とは、上級機関の指導する……訓練のほとんど全面的終始を招来するに至った」（前掲『戦災誌』五巻五七三頁）、と。

この怒り必ず果す時あらむ炎群《ほむら》に映えし敵機を睨《にら》む　　谷　利恵（大阪）

戦時下『主婦之友』の最終号（一九四五年七月）の短歌欄で一等（賞金一〇円）となった歌である。選者の若山は、「『怒りを果す』といふのは如何かと思はれる」と批評しながらも、これを最後の一等賞に選んだ。実際の空襲をいく度も経験した後だけに、本書三〇～三一頁の歌に見られた余裕も情緒もない。度重なる空襲で、日本は燈火管制の必要もないほどの末期的状況を迎えていた。

■四■　命を投げ出して御国を守れ――防空法の改正

◆戦争情勢と直結した防空法改正

防空法は、戦局に応じて二度改正され、「実戦的」に変容していった。

一度目の改正は一九四一（昭和一六）年一一月二五日、真珠湾攻撃（日米開戦）の二週間前に成立した。「都市からの退去禁止」や「空襲時の応急消火義務」などの空襲対策が追加規定され、罰則も倍増した。

その趣旨説明に立った東條英機首相は、次のように述べている。

防空法ハ昭和十二年ニ制定セラレタノデアリマスルガ、国民防空強化ノ為ニ、防空訓練ノ経験等ニ徴シマシテ、速カニ之ヲ整備スルコトガ緊要ト認メラレマスルノデ、茲ニ本案ヲ提出致シマシタ……防空実施ノ際ニ於ケル自衛防空ヲ徹底強化スルコトハ、誠ニ緊急ト認メラレマスルノデ、一定ノ地域カラ事前ニ退去スルコトヲ禁止又ハ制限シ得ル規定ヲ設ケマシタ、更ニ空襲ニ因ル火災ノ危険ガ発生シタ場合ニ於キマシテハ、自家応急防火ヲ為スベキ義務ヲ新タニ規定致シマシタノデアリマス。

（貴族院本会議・一九四一年一一月一八日）

この一〇ヶ月前に、東條英機は陸軍大臣として「生きて虜囚の辱めを受けず」とする戦陣訓を発して「国のために命を捨てろ」という思想を徹底させていた（一九四一年一月七日）。さらに今度は、内閣総理大臣として全国民にむけて「空襲から逃げるな、命を挺して消火せよ」とする防空法改正案を提出したのである。（＊注）

二度目の改正は、一九四三（昭和一八）年一〇月三一日に成立した。ミッドウェー海戦やガダルカナル作戦の敗退を受けて大本営が「絶対的国防圏の縮小」を決定した一ヶ月後である。空襲必至の状況への対応として、罰則の強化や土地収用権限の明確化、建物移転に伴う予算措置などが規定された。二度の改正を経て、条文は当初の二二条から四五条へと倍加した。

防空法の強化の狙いは何だったのか。法改正前後の状況をみることとする。

（＊注）第一回目の防空法改正に先立つ一九四一年九月三日、内務省官制により内務省に「防空局」が新設され、民防空体制を管掌する部署が明確化された。この機構改革は重要ニュースとされ、藤岡長敏・初代防空局長の顔写真とともに新聞一面トップに掲載された（『朝日新聞』一九四一年九月六日付）。なお、一九四三年一一月には防空局を改組するかたちで内務大臣直轄の「防空総本部」が設置された（勅令「防空総本部官制」同年一一月一一日）。

防空必勝の構へ
皮を斬らせて肉を斷つ信念
佐藤軍務課長喝破
衆院委員会

写真10　防空法改正審議を報じる『大阪毎日新聞』1941年11月21日付

◆誰が防空法改正を要望したか——戦後の原子力発電導入の黒幕

一九四〇（昭和一五）年九月二五日、財団法人大日本防空協会は「国民防空ノ強化促進ニ関スル要望」を近衛文麿首相に提出した。防空法制定から三年を経ても建物防火対策や消防施設整備が不十分だと指摘するとともに、「国民防空ニ関スル認識ノ普及徹底」を図るべきだとして、次のように述べている。

「国民ニ対シ防空思想ノ普及徹底ヲ期セシムニハ、国民全般ノ熾烈ナル義勇奉公心ヲ向上シ崇高ナル犠牲的観念ニ徹底セシメ……」、そのためには「學校教育全般ヲ通ジテ皇国民ノ使命ヲ徹底的ニ認識セシメ義勇奉公無私殉国ノ信念ヲ把握セシメ以テ質実剛健ナル国民ノ再養成ニ絶大ノ努力ヲ払フ」ことが必要だと説き、さらに敵機の種類を判別できるための「音感教育」まで求めている。

この大日本防空協会は内務省内に事務所をおき、政府・軍部の要人が役職を占めていた。要望書を提出した後藤文夫理事長は、かつて特高警察や検閲を統括する内務省警保局長から内務大臣へと昇進した人物である。戦後はA級戦犯として投獄され、出所後まもなく「財団法人電力経済研究所」の顧問に就任し、日本での原子力発電所の導入に向けて暗躍したことでも知られる。

この「要望」には、「防空戦士タル国民ニ的確ナル知識ト技術トヲ与フル様、適当ナル方策ヲ樹立セラレムコトヲ望ム」との記載がある。これは後藤文夫が深く関与した戦後日本の原子力政策を想起させる。「安全神話」をはじめとした情報操作により、政府にとって都合のよい「的確なる知識」をもたらした点で、後藤の戦前戦後の役割は一貫している。

◆一番恐いのは「狼狽」と「戦争継続意思の破綻」

防空法は、人命ではなく国家を守る法律である。このことは、戦時中の軍関係者の発言にも表れている。佐藤賢了・陸軍省軍務課長（のちに陸軍中将）は、防空法改正審議において次のように述べている。

空襲をうけたる場合において実害そのものは大したものではないことは度々申したのであるが、周囲狼狽混乱に陥ることが一番恐ろしい、またそれが一時の混乱にあらずしてつひに戦争継続意志の破綻といふことになるのが最も恐ろしい。いかなる場合においても戦争は意志と意志の争ひである、たとひ領土の大半を敵に委かしてもあくまで戦争を継続する意志を挫折せしめなければ、このものは結局において勝つのである。古来わが國の真剣勝負は皮を斬られて肉を断つ、肉を断たれて骨を切るといふ意味の教訓がある。戦争においてもまたこれである。私どもはまた軍としても政府としても民間としても協力一致この防空法にあるごとく諸般の施設を完備し、またすべての訓練実施に遺漏なきを力のおよぶ限りはいたすのである。……（中略）……むしろ敵の空襲を受けるに従ひますます対敵観念を振ひ起して戦争継続意思を彌《いや》が上にも昂揚培養してゆくといふ方策に出ていたゞかなければならぬと考へてゐる次第である。
（衆議院防空法中改正法律案特別委員会・一九四一年一一月二〇日）

空襲による実害よりも、国民の戦意喪失の方が恐ろしい――戦争遂行者として正直な心情吐露であろう。戦意喪失しない国民づくり。それこそ防空法改正の大きな眼目であった。「実害そのものは大したものではない」というが、その「実害」に含まれる一人一人の貴重な人命への眼差しはない。

日米開戦を前にして、すでに「領土の大半を敵に委かしても」とか「肉を断たれて骨を切る」という悲壮な覚悟がのぞき見える。無謀な戦争であることは分かっていたのである。

だからこそ、国民に「逃げない」または「逃げられない」と思わせることが重要となる。都市からの人口流出は、都市機能と生産力を低下させ、敗北感と厭戦意識を蔓延させ、ついには戦争遂行を不可能にする。これだけは絶対に避けなければならない。

佐藤賢了といえば、国家総動員法制定を審議する一九三八年三月三日の衆議院・国家総動員法委員会において、長時間の趣旨説明をして議員からヤジをとばされ、「黙れ」と叫んで騒動となったことが知られている（「黙れ」事件とよばれる）。それから三年半後に行われたのが、さきほどの趣旨説明である。その後、「東条英機の納豆」（腰ぎんちゃくより悪質で、べたべたしている）と呼ばれながら戦争遂行体制の中枢に座り、戦後はA級戦犯として終身刑の判決を受けて一九五六年三月まで服役した。

◆その一〇ヶ月前、空襲を恐れて「狼狽」した国民がいた

これ以後、終戦まで約四年間、新聞紙上には焼夷弾に勇ましく立ち向かう消火活動が繰り返し登場し、「周囲狼

狽」する市民の姿は報道されなかった。しかし実は、佐藤演説の一〇ヶ月前、国民が空襲を恐れて狼狽する事態が報道されていた。

一九四一年一月、政府が防空避難計画の基礎調査として、老幼病者の居住状況を記入する「調査票」を都市部の各戸に配布した。これをみた市民は、「もうすぐ空襲がくるのか」と慌てた。当時の新聞は次のように伝えている。

「避難調査に騒ぐな」

調査表を公布された家庭の中では、最近の国際情勢の緊迫と結び付けて今にも空襲でも受けるかのやうに慌てたり、根もない流言蜚語に脅えるといった馬鹿馬鹿しい騒ぎを演じてゐる向きも少なくなく意外な刺激を与えているので、当局は唖然としている。

（『朝日新聞』一九四一年一月三〇日付）

佐藤は、こうした騒ぎが起きたことを念頭において演説したのであろう。実際には「狼狽」する市民は多数存在した。内務省当局は「唖然としている」と報じられつつも、民防空体制を確立する難しさを感じ取ったはずである。

◆四千人の死傷者が出ても、恐るべきものではない――「戦争する以上当然忍ぶべき犠牲」

佐藤賢了の前記演説と同じ頃、空襲による死傷者の予測を述べた軍幹部がいる。陸軍中佐の難波三十四である。

防空法改正の前後から、「国のために命を捨てろ」という軍人の心得は一般市民にも向けられるようになった。しかし、死ぬ覚悟を強調することは、かえって恐怖、戦意喪失、混乱狼狽を招きかねない。そこで登場するのが「空襲など大したものではない」という宣伝である。真珠湾攻撃の一ヶ月前に出版された小冊子には、次のようにある。

『現時局下の防空』

〔四千発の焼夷弾、四百発の爆弾を東京に投下された場合、……〕焼夷弾の全部が一人に一発宛命中するものとすれば四千人、また、爆弾の場合は一発で五人宛死んだり、重傷を受けたりするものとすれば、二千人の死傷を生ずることとなる。

然るに、東京市の人口は大体七百万人であるから、以下の空襲で焼夷弾の場合では千七百人の中の一人、爆弾の場合では三千五百人の中一人、が死傷することになる。

投下弾の全部が全部、命中するものとしても、一回では三千五百人とか、千七百人の中で一人しか死傷を生じないのであって、決して恐るべきものではないのである。

〔全部が命中せず、百発か五十発のうち一発が命中するなら、……〕大体百人内外の死傷であって、誠に微々たるものであり、戦争する以上当然忍ぶべき犠牲である。

（大日本雄弁会講談社・一九四一年一一月、五〇頁）

数字のからくりで被害予測を小さく見せかける。かけがえのない生命の犠牲も、政府・軍幹部にとっては「微々たるもの」と言い切る。「空襲は恐ろしくない」「だから都市から逃げる必要はない」「消火活動にあたれ」と宣伝したうえで、もたらされる悲惨な結末は「想定外」とする。ここには、現在、東日本大震災と原発事故を通じて再認識させられた「安全神話」と「被害の矮小化」を想起させる構造がある。

なお、「当然忍ぶべき犠牲」という言葉は、戦後に唱えられた「戦争損害受忍論」を想起させる。戦争損害は国民が等しく受忍しなければならなかったのであり、日本国憲法はその補償を予定していないという立論である。最高裁がこれを採用したこともあった（第二小法廷・一九八七年六月二六日判決）。戦時中の軍人の発言としても異常な冷酷さを感じる「受忍論」。これが日本国憲法下の最高裁にも受け継がれていることには驚きを感じる。

◆「防空法だけによって果たして完全な防空ができるのか」

政府や軍人は精神面を強調して防空法改正へ突き進もうとしたが、帝国議会からは疑問の声も出された。貴族院議員の水野甚次郎は次のように質問している。

焼夷弾ヲ以テ空襲ヲ受ケタ場合ノ今日ノ日本ハ、実ニ寒心ニ堪ヘナイモノガアルノデアリマス……〈中略〉……唯之ダケノ防空法ダケニ依ッテ果シテ完全ナ防空ガ出来ルノデアラウカ、非常ニ憂慮ニ堪ヘナイノデアリマス。……〈中略〉……現在東京市ハ日本内地人ノ十分ノ一ノ七百万人ノ人口ヲ擁シテ、斯様ナ大都市ニ於テ、而モ燐寸《マッチ》一ツデモ燃エツ付クヤウナ家バカリノ下町ノアノ状態ヲ見マシテモ、是ガ防空ニ対シテ如何ナル御手段ヲ研究シテ居ラレルデアリマセウカ。

（貴族院防空法中改正法律案特別委員会・一九四一年一一月一七日）

関東大震災（一九二三年九月一日）から一八年、その記憶が残る当時として当然の疑問である。法律によって退去禁止や消火義務を命じるだけで防空・防火の成果を上げられるのか、消火方法について科学的な研究をしているのか。これに対する政府側の答弁は、抽象論と精神論に終始した。岡敬純陸軍少将は、具体的な研究をしているとは答弁できず、次のような精神論を述べた。

民防空ノ全般ニ付キマシテハ官民ノ多大ノ助力ニ依リマシテ、逐次進歩ノ実ヲ挙ゲツ、アルノデアリマシテ、殊ニ最モ重要ナル此ノ消防能力、是モ畢次ノ訓練ニ依リマシテ向上ヲ致シテ参リマシタコトハ明瞭デアリマスガ、尚一層ノ御奮起ヲ御願ヒ致サナケレバナリマセヌ点ガ少クナイノデアリマス、即チ国民全体ガ国土防衛ノ戦士ト致シマシテ、熾烈ノ責任感ト、強固ナル団結ノ下ニ敵ノ空襲ニ対シマシテ恐レズ侮ラズ、銘々ガソレゾレノ持場ヲ守リマシテ防空ニ専心セラレムコトヲ切望ニ堪ヘヌノデアリマス……。

（前掲・一九四一年一一月一七日）

訓練と奮起が必要という精神論ばかり強調されるなか、防空法改正は原案どおり可決された。先議となった貴族院本会議での一一月一七日の趣旨説明から、衆議院本会議での一一月二〇日の可決成立まで、改正法の審議期間は僅か四日間であった。この三年前に国家総動員法に反対する大演説をした衆議院議員・斎藤隆夫は、前年の「反軍演説」(＊注)により除名され議席を失っていた。

なお、前述の質問をした水野甚次郎貴族院議員は戦前戦後に広島県呉市長を務めた人物であり、戦後は「国際平和大学」建設構想を提起するなどの活動をした。

（＊注）斎藤隆夫の「反軍演説」とは、一九四〇年二月二日、衆議院本会議の代表質問において「唯徒に聖戦の美名に隠れ国民的犠牲を閑却し」と述べて日中戦争方針を批判した演説を指す。これは軍部の怒りを買い、斎藤は衆議院を除名された。しかし一九四二年四月三〇日の総選挙で大政翼賛会の非推薦候補として当選し、議席を回復した。ちょうどその合間に防空法改正が成立したのであるが、斎藤が議席を有していたならばどのような質問をしたであろうか。

◆「避難、退去は一切許さぬ」

防空法改正の一ヶ月前、新聞紙上に新たな防空指導方針が掲載された。改正後の防空法にも盛り込まれなかった種々の定めによって、国民を縛り付ける方針が明記されていた。なお、記事中の「国民防空訓」は正式名称ではなく、新聞社が付けた名称である。

「勝手に防空壕を掘るな　避難、退去は一切許さぬ」

〝空の護りはわれらの手で……〟と、一億国民の空への関心は国際情勢の急迫に伴っていよいよ熾烈となり、〝防空壕を掘りましょう……〟〝防毒面を買いましょう〟など町会、隣組などが斡旋役となって全国区々に準備を進めている傾向にあるので、政府では……国民防空訓ともいうべき左の指導方針を確立発表し一両日中に内務省から各地方長官に通知してその徹底をはかることになった。

（『大阪毎日新聞』一九四一年一〇月二一日付）

このあと「一、警防団、隣組防火群の再編成」「二、防毒施設」、さらに以下の記述が続く。「安心せよ」、「勝手に判断するな」という繰り返しが目立つ。

三、防空壕

(イ)家庭用の防空壕は必要ある場合は当局から造り方とか方式を指示するから勝手に造らないよう。

(ロ)公共用防空壕は内務大臣指定の市町村に対しては防空局から資材を配給して整備する、その防空壕の避難民の収容人員その他万端のことにつきすでに当局で用意が整っているから市民は安心してよろしい。

四、救護

厚生省で重要市町村の分は十分準備しているから各家庭ではこの際薬品とか衛生材料を各個に購入しないよう。

五、食糧

農林省でかねがね手配して準備は完了している、どんなところでも少なくとも一週間ぐらいの食糧は準備してあり、各家庭に十分行き渡るように準備しているからこの際買溜めなどはしてはならぬ、この食糧問題については来る八日ラジオで農林省重政総務局長がその内容を放送する。

六、避難、退去

政府では国民の退去を認めない、したがって勝手に退去したものに対しては政府は食糧などについて責任を持たぬ、だから国民は有事の際自分の家、自分の町、自分の都市は死守せねばならぬ。

七、防空宣伝

いままで防空については、いろいろな著書があり宣伝方法も区々でその内容も防空の原則を述べたり外国の防空避難などを解説しており、日本の目下の現状に即していないので、本年八月以降情報局その他中央当局で刊行した防空資料を基準として貰いたい。

空襲に備えた食糧備蓄について「準備は完了している」というのは事実に反している。当時すでに中国大陸の戦況悪化により食糧不足が深刻化し、一九四一年一〇月当時すでに東京都など都市部では米が配給制となっており、たとえ政府でも十分な食糧確保は困難だった。にもかかわらず政府は「食糧を確保している」と宣伝するとともに、「勝手に退去した者の食糧には責任を持たない」というのである。こうなると市民は、都市から逃げずに政府にすがるしか食糧を得る道はなくなる。

家庭用の防空壕を勝手に作るなというのは、後述するとおり「床下に穴を掘れ」、「焼夷弾が落ちたらすぐに防空壕から出て火を消せ」という指導方針に従わせる狙いがあった。

さまざまな内容を含む「防空訓」であるが、もっとも国民にインパクトを与えたのは、見出しとなった「退去は一切許さぬ」であろう。この防空訓が、改正防空法へとつながる。

写真11　防空活動の解説書類は「類書」が多数出たが、最終的には『時局防空必携』に一本化された。

◆『時局防空必携』の登場――類似書籍は厳禁

「（今後は）中央当局で刊行した防空資料を基準として貰いたい」と指示したとおり、「国民防空訓」発表の三週間後、政府情報局は『時局防空必携』を発表。まもなく小冊子として発行した。

新聞紙上では「従来防空に関する書物はあちらこちらの官庁あるいは公共団体から発行され、国民はその取捨に迷ってゐた。しかしこれこそ最後的〝決定版〟ともいふべき『時局防空必携』が完成、三〇日情報局から発表された」と報じられた（『朝日新聞』一九四一年一〇月三一日付）。

国民が取捨選択に迷うというだけでなく、政府からみれば空襲や焼夷弾の威力を解説する書籍の存在は、恐怖心を煽り戦争動員の妨げとなる。そこで、この『必携』

以外の解説書は「厳禁」された。

「防空必携一本　便乗出版を一掃」

空襲に備へ、さきに情報局では「防空必携」を発表したが、最近この「防空必携」に勝手な解釈を加へたものや改竄したものなど類似出版物が横行し誤った防空思想を植ゑつけるおそれがあるので、当局ではこの種出版物を厳禁し時局便乗の無責任な防空読本類を一掃することになった。

（『大阪毎日新聞』一九四一年一一月二日付）

当時は「時局便乗の無責任な防空読本類」がよく売れていた。一九四〇年九月に内務省が「部落会町内会等整備要綱」を定め、防空活動は隣組の重要任務であると定められたこともあり、その解説書の需要は大きかったはずである。それを政府は「無責任な防空読本」と批判した(＊注)。

しかし、無責任という批判は、焼夷弾の危険性を捨象した『必携』にこそ当てはまる。たとえば、すでに普及していた小冊子『國民防空読本』（大日本国防化学出版社、一九三七年）には、エレクトロン焼夷弾は「水を注いでも消火は出来ぬ」と明記され、ただ延焼を防ぐしかないと記載されていた。冊子『隣組防空指針』（大阪市、一九四一年）にも、エレクトロン焼夷弾は「少々位の水では容易に消火することが出来ない」とある。小冊子『家庭防空防火』（大日本防空協会、一九四〇年）にも、「焼夷弾は落下と同時に発火爆発して忽ち火勢猛烈となるから、之を屋外に搬出することは困難である」と明記されていた（二八頁）。これらを読むと、焼夷弾の威力が理解できる。

ところが『必携』にはそうした記載は存在せず、容易に消せることばかりが強調されていた。焼夷弾は怖れるに足りないから、果敢に消火活動に立ち向かうよう国民を指導したのである（その内容は第二章で詳述する）。

日米開戦の直前には、この『必携』が大量に製本され、頒布された。縦十二・八センチ、横九・一センチ（A7版）

で携帯しやすく、表紙には防衛総司令部と一二省一院の名称が連記されている。同冊子の刊行は、以下のように報じられた。


「時局防空必携　防空重要都市隣組や各家庭へ　四百万部出来る」

緊迫せる時局下における都市防衛の強化徹底ならびに防空思想の統一総合を期するため今回内務省はじめ各省企画院、防衛司令部の連名で『時局防空必携』を発行することになり、目下内閣印刷局で製本を急いでいるが、来る五日までに四〇〇万部の製本を完了、六大都市はじめ全国防空重要都市の隣組各家庭に一部三銭の定価で洩れなく配布することになった。

（『朝日新聞』一九四一年一二月二日付大阪版）


記事がいうように、『必携』の配布は、「都市防衛の強化徹底」だけでなく「防空思想の統一総合」が重要な目的であった。文字どおり国民必携の解説書として防空啓発宣伝の中心に据えられていった。


（＊注）書籍以外にも、「時局便乗」の商法は存在した。『朝日新聞』一九四一年九月二六日付は、防毒マスクを隣組に半強制的に売りつける「インチキ業者」が跋扈していると報じている。セロファンや段ボールを主材料として「防毒に対する効果はゼロで玩具に等しいもの」、さらに「ひどいのはセロファン紙で頭が入る位の下部を紐でしばる、猫のかんぶくろのような装置」が出回っており、内務省防空局が取締りを強化するという。

また、火焔に投げつけると消火できるという怪しげな「消火弾」も出回ったので、製造販売を認可として価格も規制されることになった。『朝日新聞』一九四一年九月六日付は、内務省防空研究所の実験により「ガラス容器等に消火液を充填した消火弾は水を充填したものに比較して格別の効果なし」、「消火弾一弾よりバケツ一杯の水が遥かに有効」、「販売価格が高値に過ぎている」と報じた。もっとも、それに代わる消火方法として警視庁消防課長が記事中で述べているのは、「心の構へ、貯水、砂など」だけであり、それこそ消火効果の乏しいものであった。

悪徳商法の排除は結構であるが、その一方で政府は「焼夷弾は容易に消せる」などと非科学的な宣伝をした。

◆「防空精神」の変化——「命を捨てる覚悟」を追加

一九四一年当時、戦争といえば遠く中国大陸の出来事だった。国内では戦争の悲惨さは十分理解されず、空襲体験者は皆無だった。防空訓練においても、命を投げ出す覚悟や悲壮感はなかったであろう。政府は、そうした国民の意識を変えようとした。

民間から発行されていた防空解説書と、公式書とされた『時局防空必携』を比較すると、同じ「防空精神」という標語でも、その内容は大きく変容している。一例として、一九四一年八月刊の「隣組 家庭防空必携（第三版）」（東京毎夕新聞社）と比較してみる。

『隣組 家庭防空必携』

防空精神とは敵の空襲に際し、全国民が一丸となって怖れず、驚かず、慌てず、騒がず、沈着剛膽、堅忍持久、善く法令規則を守り指導者の指揮に従い、秩序整然として防空に任じ、我が国土を護り通す精神をいうのである。

『時局防空必携』初版

如何に物の準備があっても魂がしっかりしていないと役には立たない。特に防空の為には、老人も、子供も、男も、女も、一切の國民が次の心構え（防空精神）を持たねばならない。

一　全國民が「國土防衛の戦士である」との責任と名誉とを充分自覚すること。

二　お互いに扶け合い、力を協せ、命を投げ出して御國を守ること。

三　必勝の信念を以って各々持場を守ること。

此の防空精神は即ち日本精神である。

両者の違いは、「命を投げ出して」の有無だけではない。前者が「我が国土を護り通す」とするのに対して、後者は「持場を守ること」を説いている。抽象的に国土を守るのではなく、自分の住居や職場を守りきるという具体的な使命が課されると、他人に頼ることも逃げることもできなくなる。さらに前者が「全国民が一丸となって」というところを、後者は「老人も、子供も、男も、女も」とまで明記し、誰もが防空の任務から離れられないことが示された。

最初に「玉砕」という言葉が大きく報道発表されたのは、一九四三年五月二九日の北太平洋アッツ島での日本軍守備隊全滅のときであった。それより一年半も前の時点で、まだ空襲を受けていない段階から、一般市民は命を投げ出す覚悟をさせられたのである。

さらに日米開戦の翌月には、政府情報局が「防空強化促進ニ関スル啓発宣伝要領」を発表した。そこには、「『時局防空必携』並ニ『防空強化促進要領』ノ趣旨ヲ敷衍徹底セシムルコトヲ主眼トシ、二月八日ノ大詔奉戴日ヲ以テ啓発宣伝ヲ最高潮ニ達セシム」とする方針が定められていた。真珠湾攻撃やマレー沖海戦などの初戦勝利に沸く国民に対し、「大規模ナル空襲ノ危険ハ去リタルト雖モ奇襲的散発的ナル空襲ノ危険ハ依然避ケ難キ」と指摘し、防空精神の緊張を図るよう指示している。当時の日本軍が米英艦隊への奇襲攻撃を繰り返していたことの「裏返し」からくる警戒心が読みとれる。

◆「私達は御国を守る戦士です」──改訂版で強まった殉国精神

『時局防空必携』は、二年後の一九四三年防空法改正の際に改訂版が発行された。空襲への覚悟を求める記載や焼夷弾の種類に応じた対処法が厚くなり、より実戦的な内容に改められている。ただし、焼夷弾への非科学的な対処法を指示している点は変わらない。その冒頭には、「防空必勝誓」が掲げられた。

『時局防空必携』改訂版

防空必勝誓

一、私達は「御国を守る戦士」です。命を投げ出して持場を守ります。
一、私達は必勝の信念を持って、最後まで戦い抜きます。
一、私達は準備を完全にし、自信のつくまで訓練を積みます。
一、私達は命令に服従し、勝手な行動を慎みます。
一、私達は互いに扶けあい、力をあわせて防空にあたります。

この「防空必勝誓」は、政府刊行書に繰り返し掲載され、国民に流布された。政府は、防空活動を法律によって義務づけるだけでなく、思想面・道徳面からも強制したのである。国を守るために自己を犠牲にする忠君愛国の精神が植え付けられ、防空活動の拒否は一切許されなくなった。『時局防空必携』の冒頭（表紙裏）には次の注意書きがある。防空精神を一人一人に注入していく方法が示されている。

『時局防空必携』改訂版

一、この必携は都市の家庭に必ず一冊ずつ備へる。
二、この必携を家庭の全員でくりかえしくりかえし読み合って理解しておく。隣組でも常会で研究する。
三、家庭や隣組ではふだんからこの必携に書いてある通りの準備をととのへ、訓練をやって防空必勝の信念をかためておく。

内務省防空局長が発した通牒「『時局防空必携』改訂ニ関スル件」は、「今後ノ指導ハ本必携ニ依リ之ヲ行ヒ極力実生活ニ滲透セシメ」ることを求めるとともに、左記の全国四七都市の各家庭にもれなく頒布するよう指示した。これら都市への空襲を政府は予測していたのである。三重県では重要都市である津・四日市・桑名には頒布されず、伊勢神宮の鎮座する宇治山田（現在の伊勢市）のみが頒布対象とされた。この点は、戦争末期に米軍機が投下した「空襲予告ビラ（伝単）」の記載とも一致している（本書一九九頁）。

「『時局防空必携』改訂ニ関スル件」内務省防空局（昭和一八年六月二八日）
別表　改訂『時局防空必携』頒布都市

庁府県名	都市名	庁府県名	都市名
警視庁	東京、立川	三重	宇治山田
北海道庁	札幌、小樽、室蘭、函館、稚内	愛知	名古屋
京都	京都、東舞鶴、舞鶴	静岡	清水、浜松
大阪	大阪、堺	岐阜	岐阜
神奈川	横浜、川崎、横須賀	宮城	仙台、塩釜
兵庫	神戸、尼崎、西ノ宮	福島	郡山
長崎	長崎、佐世保	青森	大湊
新潟	新潟	富山	富山
埼玉	川口	広島	広島、呉
群馬	太田	山口	徳山、下関、下松、宇部
茨城	日立	福岡	門司、小倉、戸畑、八幡、若松、福岡、大牟田

ここまで本書は、防空精神、防空演習、燈火管制などのキーワードから、国民が戦争へ向けて精神動員されていく様子を概観した。次章からは具体的な法令や制度によって、国民がどのように空襲の下に縛りつけられていったかを診ていくことにしたい。

第二章　退去の禁止、消火の義務付け

■一■　都市からの退去を禁ず（防空法八条の三）

◆法律、勅令、通牒による退去禁止

一九四一年の防空法改正により、①都市からの退去禁止（八条ノ三）と、②空襲時の応急消火義務（八条ノ五）が追加規定された。これまでは防空訓練と燈火管制への協力義務が中心だったが、さらに空襲の猛火からも逃げてはならないという、現実の空襲時の危険な義務が法律に明記されたのである。

次に示すとおり、防空法八条ノ三の文言は「一律に退去を禁止する」とは定めていない。場合によっては退去を禁止できる、としか定めていないように読める。また、どのような場合に退去が禁止されるかは明記していない。しかし、法改正を受けて定められた運用基準（勅令・通牒）と合わせて読めば、実質的な意味を理解できる。

防空法　第八条ノ三

主務大臣ハ防空上必要アルトキハ勅令ノ定ムル所ニ依リ一定区域内ニ居住スル者ニ対シ期間ヲ限リ其ノ区域ヨリノ退去ヲ禁止又ハ制限スルコトヲ得

勅令　防空法施行令　第七条ノ二

内務大臣ハ防空上ノ必要アルトキハ其ノ定ムル所ニ依リ防空法第八条ノ三ノ規定ニ基キ空襲ニ因ル危害ヲ避クル目的ヲ以テスル退去ヲ禁止又ハ制限スルコトヲ得　但シ左ノ各号ノ一ニ該当スル者ニ付テハ此ノ限ニ在ラズ

一　国民学校初等科児童又ハ年齢七年未満ノ者

二　妊婦、産婦又ハ褥婦

三　年齢六十五年ヲ超ユル者、傷病者又ハ不具廃疾者ニシテ防空ノ実施ニ従事スルコト能ハザルモノ

四　前各号ニ掲グル者ノ保護ニ欠クベカラザル者

内務大臣通牒　空襲時ニ於ケル退去及事前避難ニ関スル件

標記ノ件ニ関シテハ爾今左記ノ方針ニ依ルコトニ決定相成候條御了知ノ上、之ガ指導ニ関シ萬遺憾ナキヲ期セラレ度依命此段通牒候也

一、退去

㈠　退去ハ一般ニ之ヲ行ハシメザルコト

㈡　老幼病者等ノ退去ニ付テモ現下ノ空襲判断上全般的計画的退去ヲ行ハシメザルハ勿論、左ニ依リ努メテ之ヲ抑制スル様一般ヲ指導スルコト

㈠　老幼病者ニ対シテ絶対ニ退去ヲ慫慂セザルコト

㈡　現在予想セラルル敵ノ空襲ハ老幼病者等ノ全部ガ都市ヲ退去スルヲ要スル程度ニ非ズ寧ロ退去ニ伴フ混乱、人心ノ不安等ニ因ル影響大ナルベキコトヲ一般ニ徹底セシムルコト

㈢　第二号ニ依ルモ尚退去セントスル者アル場合ハ適宜統制ヲ加ヘ混乱ヲ未然ニ防止スル様努ムルコト〈以下略〉

（内務大臣通牒・昭和一六年一二月七日）

※「慫慂《ショウヨウ》」＝誘い勧めること

この法律、勅令、通牒の三段階の規定形式をみると、次の二つの点に気づく。

◆どのような退去を禁止するのか——危害が迫っても認めない

第一に、退去が禁止されるのはどのような場合であるのか、という点である。防空法八条ノ三は、「防空上ノ必要アルトキ」と定めるだけであり、その具体的内容は明記していない。国民の身体生命を守るため、つまり退去や移動によって逆に危険性が増大するのを避けるための退去禁止も含まれるようにみえる。

しかし実際は、そのような退去が禁止されたのではない。勅令を読むと「空襲ニ因ル危害ヲ避クル目的ヲ以テスル退去」を禁止すると明記している。「空襲の危害が迫っても退去を許さない」という国家の意思がはっきりと示されているのである。

◆退去禁止は原則か例外か

第二に、退去禁止は時期や区域を限定した例外的なものであるのか、あるいは原則として全面的に退去が禁止されるのか、という疑問が生じる。三つの規定を読むと、次の「ねじれ」に気づく。

法律——主務大臣は勅令に基づいて、区域と期間を限定して退去を禁止できる
勅令——内務大臣は自ら定めるところにより退去を禁止できる
通牒——内務大臣は国民一般に対して退去をさせない

本来は、法律は上位規範であり、勅令や通牒はあくまで法律の趣旨に沿ったものでなければならない。ところが、

法律・勅令と通牒とをみると、原則と例外が逆転しているのである。（＊注）法律だけをみると、大臣は勅令に基づいて限定的に退去を禁止できるかのようであるが、勅令では大臣自らの判断で禁止できると規定し、さらに通牒では退去禁止が原則になってしまっている。

通牒はさらに、退去しようとする者に適宜統制を加えるとまで明言し、法律以上に強く退去禁止を徹底する姿勢を示している。この通牒は改正法の可決成立から僅か一二日後に発せられた。日米開戦の前日である。ここに防空法改正の真の狙いが示されている。議員からの批判をおそれて法案上は「退去を禁止できる」という文言として成立させたが、その後は内務大臣に広汎な自由裁量を与えて全面的に退去を禁止したのである。

なお、一九四三年一月八日に陸海軍省が定めた「昭和十八年度防空計画設定条ノ基準」の第一七項にも、「退去ハ原則トシテ一般ニ之ヲ認メズ」と明記されている。一九四四年七月に内務省・軍需省など五省が策定した「中央防空計画」一三六条も、「退去ハ原則トシテ一般ニ之ヲ行ハザルモノトス」と定めている。退去禁止は政府の一貫した方針だった。

（＊注）原則と例外との逆転は、法改正後に通牒が定められたことで明確になったが、改正審議中の帝国議会でも疑問の声があがっていた。
内務省防空局長・藤岡長敏は、貴族院での防空法改正審議で次のように述べ、原則と例外が逆転していることを暗に認めている。「防空活動ヲ為シ得ル者ハ全部踏ミ止マッテ自衛防空ニ当ルノダゾト云フ原則ヲ立テ、サウシテソレノ義務ヲ課シタノデアリマス。併《シカ》シ防空活動ニ入ッテ居ルガ為ニ妨ゲニナルヤウナ者ガアリトシマスレバ、ソレハ予メ事前退去ヲ認メテモ差支ナイノデハナイカト云フ考ヘ方カラ此ノ施行令要綱ノ方ニハ反面ノ逆ノ方ガ出テ居リマスモノデスカラ、チョット誤解ヲ招クヤウナ結果ニナッテ申訳ナイ次第デアリマス」、「原則トシテ総テノ者ハ止マッテ居ナケレバナラヌ、併シ斯ウ云フ防空活動ガ出来ナクテ、而モ防空活動ニ邪魔ニナルヤウナ者ハ居ラヌデモ宜イト云フ規定デアルノデアリマス」（一九四一年一一月一七日、貴族院防空法中改正法律案特別委員会）。

◆老幼病者でも退去を認めない——「退去の観念を一掃」

勅令（防空法施行令）が定める退去禁止の例外は、六五歳を超える老人・児童・妊産婦・傷病者等である。六五歳超というのは、平均寿命が四〇歳代だった当時では極めて高齢である。しかも実際は、これらの者も退去できなかった。内務大臣通牒が「老幼病者ニ対シテ絶対ニ退去ヲ慫慂《ショウヨウ》セザルコト」と定めていたからである。わざわざ「絶対に」と念押しするのは通牒として異例である。こうして退去禁止の政策は徹底されていく。

陸軍中佐・難波三十四は、著書『現時局下の防空』のなかで「退去の観念を一掃せよ」として次のように述べている。なぜ老人や児童でも退去を認めないかが分かる。

> 老人といえども、老いて益々盛んなる老人あり。また高齢にして足腰立たない老人といえども、その保護者を伴って退去するときは、都市の防空力を減殺するから進んで難局に殉し、退去せざる者あり。あるいは少年少女といえども、水を運び砂をかけ焼夷弾と戦わんとするものあり。また赤子を負って母の防空活動を助けんとするものがある等、健気なる人々が沢山あるのである。
>
> 足手まといになる人々を退去させ、あるいは第二の国民を保護するため退去させることは、理論上は適当なことであるが、実行問題としては、退去のためには退去先の十分なる施設や複雑な輸送を伴うものであって、周到なる用意が必要である。特に各家庭の大半にはいわゆる退去該当者が居るのであって、これにいちいち退去の際必要な保護者を付することとなると、都市の防空力は著しく減殺せられるのである。
>
> 退去を実行するのは地方長官の指示によるものであって、その要領は地方長官が退去を命令する場合は、警察署長をして退去者に対し証明書を交付させ、退去の場所及びこれに至る交通機関、通路その他必要の事項を具体的に指示し、退去者は警察官吏、又は警防団員の誘導により秩序整然と行動すべきものである。
>
> しかし、現時局においては、戦争前、計画的に退去を実行することは至難であるから、この際退去の観念を全く一掃し、全国民こぞって国土防衛に当たるべきものである。

（大日本雄弁会講談社・一九四一年一一月、七六～七八頁）

老幼病者は防空の「足手まとい」になるという難波中佐。しかし、彼らに対しても原則として退去は認めない。なぜなら、その保護者まで一緒に退去されると都市の防空力が減殺されるから、というのである。ここには、せめて老幼病者だけでも守ろうという発想すら存在しない。

◆防空法改正は、国民へどのように伝えられたか

防空法改正は、国民へどのように伝えられたのであろうか。新聞紙上には、防空法改正による国民への影響、さらには防空の「心構え」を説く記事が多く掲載された。その例をみる。


「働ける隣組員の都市退去を禁止　藤岡局長　防空法を語る」

　民防空の強化を期して、現行防空法は既報の如く画期的な改正を断行されることになり、この改正法律案は十七日の貴族院本会議に提出されたが、これによって防空業務の活動範囲は全面的に拡張され、これまで無かった重要物件の分散、防火改修、防弾、事前退去の禁止、自家防空あるいは扶助制度の新設、罰則の強化等が規定されることになった。右につき民防空の総元締内務省では十七日午後、一般国民に対し藤岡防空局長談を発表、次の如く新たな心構えを要望した。

（中略・以下は藤岡局長の談話）

　防空勤務員を確保する必要性から、特殊技能を有する者あるいは防空に関して特別の教育訓練を受けた者に対して防空従事命令を発しうることとし、命令に違反した場合は体刑また

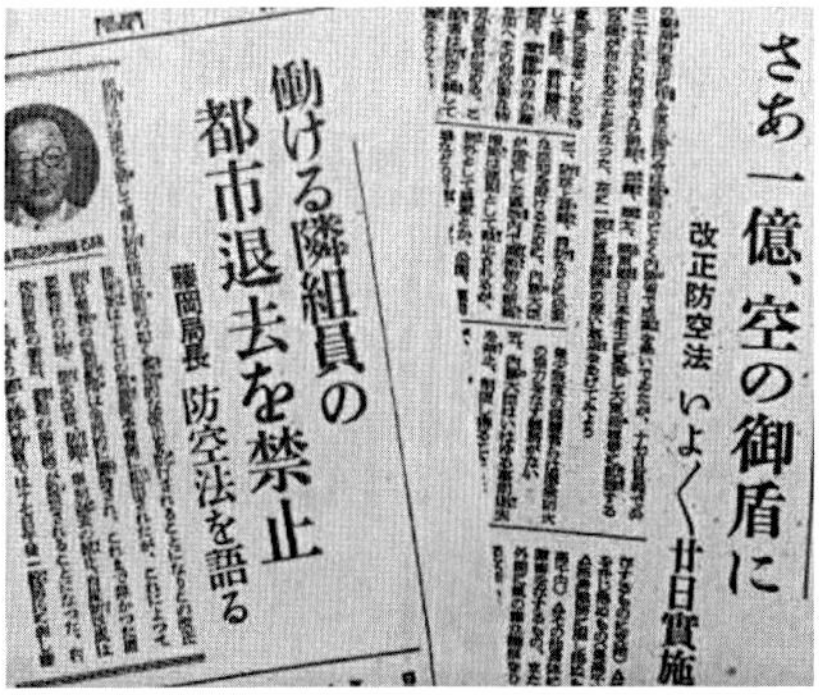

写真12　防空法改正は大々的に報道された。

は罰金を課しうることとした。
我国の現状は自衛防空が民防空の根幹をなすので事前に都市より退去することを禁止制限し得ることとし、隣組等の応急防火を法律上の義務としたのである。

（『朝日新聞』一九四一年一一月一八日付）

「体刑」とは、今でいう懲役刑であるが、古くは身体に害を与える肉刑（耳削ぎ・鼻削ぎなど）や笞刑（ムチ打ち）を指した。法律上からは消えていた仰々しい言葉を、藤岡局長は使用している。なお、都市住民は全員が隣組に所属していたので、見出しにある「隣組員の都市退去を禁止」は、「都市住民の退去禁止」と同義である。これは都市住民に相当な重圧を与える。

次に、防空義務を負う者の範囲を列挙し、さらに罰則にも触れている『朝日新聞』の記事を紹介しよう。

「劇場、映画の客も防空陣へ動員　防空法の実施細目決まる」

自衛防空が民防空の根幹をなすといふ建前から非常に際し事前に都市より退去することを禁止制限しこれに違反すれば一年以下の懲役または千円以下の罰金に処されることになり新しく罰則が強化されることになったがこの制限の範囲外に置かれる者は乳幼児、妊産婦、学童、七歳未満の者、病人、不具者および防空業務を担当出来ざる老人となっているのでたとひ六十歳前後の老人でも働き得る者は残らねばならない。

この規定によれば前記の人達は地方の親戚や知人を頼って事前退去が出来るが、この際所轄警察署の許可証を受けこの証明で退去先の地方から生活必需品の配給券を交付されるよう生活上の考慮も払われており、なほ退去者の保護に當たる者も制限外と見なすことになっているが目的を達した際は可及的速やかに旧の地域に復せねばならない。

デパート、映画館、その他劇場等が空襲を受け火災の危険を生じた場合は原則として客は待避しそれぞれ特設防護団員が

> 応急防火に当たらねばならぬが、その時の情勢により客でも応急消火に協力せねばならない。
> 　その他下宿人、会社員、工場従業員等が命令の定めるところにより応急防火の義務があることは勿論で、これも違反すれば処罰される。
>
> （『朝日新聞』一九四一年一一月二七日付）

六〇歳前後でも「働き得る者は残らねばならない」。要するに、ごく一部の例外を除いて全面的に都市からの退去を禁止するに等しい。例外的に退去できる者も、警察署の許可証が必要とされた。しかも、「可及的速やかに旧の地域に復せねばならない」とされたから、退去した後も安心できない。違反者への処罰についても記事中で二回繰り返されている。

　なお、「一年以下の懲役または千円以下の罰金」というのは誤報であり、正しくは「六ヶ月以下の懲役または五百円以下の罰金」である（防空法一九条ノ二）。監視従事義務違反および燈火管制違反に対する罰則（防空法一九条）と混同したと思われるが、国民に重圧を課すという政府の意向に沿った「効果的」な誤報といえる。

◆退去禁止の源流——法改正前からの既定方針

　法律上は一九四一年防空法改正によって初めて明記された退去禁止であるが、実はそれ以前から政府の基本方針とされていた。

　一九三八年三月五日に内務省警保局が発した通牒「空襲ノ際ニ於ル警備ニ関スル件」は、全国の地方長官への指示として、「警戒警報又ハ空襲警報発令セラレタル場合」には「原則トシテ避難セシメザル様指導シ、老幼者病者或ハ空襲ニ因ル破壊、火災、被毒等ノ為已ムヲ得ザルモノ及屋外通行者等ノ避難ニ付テハ之ニ依リ不祥事ヲ惹起セシメザル様特ニ留意スルコト」と明記している（事前退去ではなく空襲時の避難を禁止している）。

さらに一九四〇年五月に陸軍・参謀本部が発行した小冊子「国民防空指導ニ関スル指針」も同じ方針をとった。平時から避難を認めることは「避難続出収拾困難ニ陥ルヘシ」と予測したうえで、「風雲急ナルニ臨ミ始メテ老幼、病者、一部ノ婦女子ノミニ避難ヲ認可スルノ腹案ヲ有シ、一般的ニハ此ノ種避難ハ之ヲ認メズ」という方針を明記したのである。

その「腹案」を具体化するかたちで、同年一二月、内務省は次のような「退去、避難及待避指導要領」を定めた。

内務省「退去、避難及待避指導要領」（昭和一五年一二月三日）

第二　退去及避難

一、退去及避難ノ原則

㈠空襲時ニ於テハ一般住民ハ自衛防空ノ精神ニ依リ各々自己ノ持場ヲ守リ防空其ノ他ノ業務ニ従事スルヲ本則トスルコト

㈡退去トハ特ニ認メラレタル者空襲ニ因ル危難ヲ避クル為空襲危険区域以外ノ地ニ退去スルヲ謂フコト

㈢避難トハ

(イ)特ニ認メラレタル者空襲ニ因ル危難ヲ避クル為予メ付近ノ防護室等ニ避難スルヲ謂ヒ（事前避難）

(ロ)或ハ空襲ニ因ル火災、毒瓦斯等ノ被害発生ノ為已ムヲ得ザル者空地其ノ他ノ地域ニ避難スルヲ謂フコト（緊急避難）

㈣退去及事前避難ヲ認ムル者ハ左ノ各号ニ該當スル者ニ限ルコト

(イ)老幼者、病者、不具者、妊産婦ニシテ防空活動困難ナル者

(ロ)前号ニ掲グル者ノ保護ノ為必要ナル者（以下略）

このように、あくまでも空襲から逃げずに「持ち場」を守るのが本則とされ、退去も避難も「特に認められた者」、

「やむを得ない者」だけが例外的に認められる。これが防空法改正以前からの政府方針だった。

陸軍中佐・難波三十四も、防空法改正以前に出版された著書『防空必勝　是でやれ！』において、次のように述べていた。

> 現時局を色々と想像するのは已むを得ないことであるけれども、自分で勝手な判断を下し、命令のないのに持場を離れて事前避難をしたり、退去を行ってはならない。〈中略〉
>
> 日本軍隊には退却はないのである。浮足立った退却を追撃された場合の損害は、全滅を賭して戦った攻撃よりも損害は大である。〈中略〉
>
> ただ、老幼病者の事前避難とか退去といふことは考へなくてはならないことであるが、これは當局の命令を待ってから行へばよろしいのである。
>
> （国民防空出版協会・一九四一年九月、一一～一二頁）

難波中佐いわく、退去せよという命令がない限り、退去してはならない。退却が認められない軍人の規範を一般市民にも押し付けている。新聞社が発行した小冊子『隣組 家庭防空必携』も前述の内務省指導要領に沿った内容で、次のように書いている。

> 国民各自はどんなに辛かろうが、飽くまでその持場に踏み止まって、最後の一人になるまで頑張らなければならないことは國民全部が國土を護る戦士であると云ふ点から考へても、明かな事であります。それ故に、我が国では原則として特に認められた者以外は、事前退去という云ふ意味の避難は許されないのであります。
>
> （東京毎夕新聞社・一九四一年八月、一五七～一五八頁）

全国民が「國土を護る戦士」であるから避難は許されない、というシンプルな理屈である。「どんなに辛かろうが」というのは、主観的な気持ちの問題ではない。客観的に生命への危険が及んでいても退去を認めず、命を捨てる覚悟で消火せよというのである。

次にみるのは、大阪市が発行した冊子『隣組防空指針』である。避難を認めることの弊害が書かれている。

> 我國現在の防空の方針としては原則として避難を認めないことになってゐる。之は一つには我國木造都市の特質上各戸ごとに防空に任ずることとしている為、避難することは其防衛の責任を放棄するものであって、かくては到底防空の實を挙げ得ないのと、一つには大群集の無統制な避難は往々にして大混乱を来すのみで空襲の被害は之によって却って倍加することと思はれるからである。〈中略〉
> 而しながら諸般の情勢を考慮し、必要の場合には地方長官より避難の命令が出ることになってゐる。
> （大阪市・一九四一年三月、三一頁）

木造建築だから、混乱を生じるから、という理由で避難を認めない。しかし、むしろ一気に燃える木造建築の密集都市だからこそ、退去・避難を認めて危険を回避すべきではないのか。

このように、すでに基本政策とされていた退去禁止について、後でわざわざ防空法八条ノ三で明記した理由は何であろうか。法律の有無によって異なるのは、「違反者を処罰できるか否か」という点である。法律が存在しなければ処罰できない。つまり、一九四一年防空法改正は、「退去を禁止した」というよりは「退去した者を処罰できるようになった」というのが正確である。退去は犯罪であるという国家意思が明確化されたのである。

◆「対策はないですね」と笑う海軍少佐

退去禁止の方針については、政府内に一定の異論もあったようである。防空法改正の一〇ヶ月前、「空襲の脅威・体験と対策語る」と題する座談会において、井戸田勇陸軍中佐と室井捨治海軍少佐は次のように述べた。

井戸田：〔建物疎開も必要だが〕然し東京全体としては先づ避難させるといふことが一番よい。幾ら施設をしても叶わぬから避難させる〈中略〉

室井：むろん根本的の対策は色々ありませうが現在差迫ってどうしたらよいかといへば……実際対策はないですね（笑声）。取敢えず消防力を強化する位の手しかないんじゃないでせうか。

（『朝日新聞』一九四一年一月三一日付）

室井少佐は、ベルリンに駐在して空襲の実態を見聞しながら空軍研究に携わっていた。避難する以外に、空襲へ立ち向かう方策などないというのは、実感に基づく発言であろう。「笑声」をあげながらではあるが。

これに続けて井戸田中佐は「然し市民全部が逃げてしまふと空になって火事を消し止めることが出来ない。先づ子供達から逃がすといふことで取敢えず進める」と述べて、市民を避難させるのは時期尚早という考えを示した。

その後は、避難禁止の方針が内務省や陸軍幹部から徹底的に流布宣伝されるようになった。室井中佐のような「避難させるのが一番よい」という言葉は新聞や書籍から姿を消した。

◆なぜ、退去を禁止したのか——敵前逃亡を許さない総力戦体制

退去を禁止した理由は何か。防空法や勅令の規定には直接書かれていない。

理由の第一として、応急消火義務を履行させること、すなわち市民に「民防空」を担わせるために退去が禁止さ

れたことは確実である。退去禁止と応急消火義務は一九四一年改正により同時に新設されたものであり、後者を実効化するためには前者が不可欠である。

しかし、それだけでは説明がつかない。なぜなら、実効性のある消火設備はないまま砂やバケツだけで焼夷弾に立ち向かわせても、実際に都市を守ることはできないからである。政府は、第一次大戦後の空爆技術の進化を熟知し、焼夷弾の威力を十分に理解していた（これは後述する）。それでもなお、焼夷弾に立ち向かわせようとして退去禁止を定めた理由は何だったのか。

「一番恐いのは戦争継続意思の破綻」（佐藤賢了）とか「退去の観念を一掃せよ」（難波三十四）という軍幹部の発言に共通するのは、国民を戦争体制に縛り付け、兵士と同じように命を投げ捨てて国を守れと説く軍民共生共死の思想である。兵士の敵前逃亡は許されず、民間人も都市からの事前退去を許されない。それを認めると、国家への忠誠心や戦争協力意思が破綻し、空襲への恐怖心や敗北的観念が蔓延する。人員や物資を戦争へ総動員する体制は維持できなくなる。

そこで政府は、都市からの退去禁止を法定した。全国民の総力戦体制を継続する手段として、「自分の手で国を守る」という思想を植え付けて退去を禁止したのである。

もはや国民は、戦線離脱を許されなくなった。防空訓練を推奨する牧歌的な防空体制ではなく、全国民が国を守る兵士として「死の覚悟」を強いられ、その退路を断ったのが一九四一年防空法改正であった。

逆説的な言い方であるが、消火活動を実践させるために都市に残留させたのではなく、都市に残留させるために消火義務を課したという見方もできる。市民を都市に残留させるには、ただ甘んじて空襲を受けろというだけではなく、市民に「応急消火義務」を課して、「自分の国は自分の手で守れ」と強制することが不可欠であった。具体的な任務を与えられた国民は、それを放棄して逃げることができなくなった。

◆もし逃げたらどうなるか——罰則が意味するもの

都市からの退去禁止（八条ノ三）に違反した場合、「六月以下ノ懲役又ハ五百円以下ノ罰金ニ処ス」と規定されていた（防空法一九条ノ二第二号）。罰金刑だけでなく懲役刑が法定されていたのである。五百円の罰金は、一九四一年当時の教員の初任給（五五円）の約九ヶ月分に相当する。

実際にこの条項により処罰された例は少ないと思われるが、単なる努力義務ではなく罰則を伴う禁止規定とされたこと自体が、都市の住民に対して強い威嚇効果をもたらす。

刑罰を定める法規範は、裁判において適用される基準（裁判規範）であるとともに、国民がどのように行動すべきかを示す基準（行為規範）として機能する。防空法の処罰規定は、国民に対して「空襲を恐れて都市から逃げてはならない」と決定づける行為規範となる。ただ「国を守れ」という抽象的な努力義務（精神的規定）とは本質的に異なる。防空法違反は「国を守る義務」に違反した罪であり、天皇に仕える臣民としての義務に背くものである。懲役六ヶ月、罰金五〇〇円という法定刑の存在は、違反者に、同時に「国民の義務を守らない非国民」という前科を烙印として刻み、社会から疎外することを意味する。そのことへの恐怖心を煽るように、次のような「恫喝」まで行われた。

◆非国民は、空襲後も戻って来てはならない

退去禁止は、国家に対する義務というだけでなく、社会全体・国民全体に対して負うべき任務であり美徳とされた。違反者は法により処罰されるだけでなく、反道徳的な人間として、あらゆる人間関係および地域社会から非難され断絶される。

ある者は、「わが手で御国を守ることは国民の美徳であり任務である」と誇らしく思うようになり、ある者は「拒否できないから仕方なく服従する」と思うようになる。政府は、そうした効果を意図した宣伝を繰り返した。一例

として、政府発行の家庭向け手引書をみる。

『家庭防空の手引』

富んだ者も貧しい者もすべての者が、大なり小なり都市の恩恵や利益を受けているのです。それが、平素恩恵だけを受けて、一旦風雲急となると、都市を放棄して退去することは、日本の武士道、帝国の国民道徳からいっても許されないことです。従って、地方の都市の親戚とか漁村の別荘へ逃げたり、郷里に帰ったりして、自分一人のことを考へて國民と苦楽を共にせず防衛に任じないものがあるとすれば、法の制裁は別として道義的には非国民であると言はれても申訳がないのです。このような者は、空襲されなくなっても都市に立戻る資格はないものです。

（政府情報局・一九四一年九月）

「非国民」という言葉は国民が勝手に用いていた俗語ではなく、政府が公刊物で使用していた用語であることが分かる。

なお、この文章には「法の制裁は別として」との留保がある。しかし、この直後の一九四一年一一月に防空法が改正され、「法の制裁」は現実のものとなった。

◆「防空の妨害」を生じさせた者は死刑・無期懲役

防空法改正とほぼ同時期、「戦時犯罪処罰ノ特例ニ関スル法律」が施行された（一九四一年一二月）。これは、燈火管制中や空襲時の窃盗・強盗・強姦・騒擾などを加重処罰するものであった。

その三ヶ月後には「戦時刑事特別法」が施行された（一九四二年三月）。この法律は、防空実施中の公務員への公務執行妨害罪の法定刑を、通常の公務執行妨害罪の「三年以下の懲役・禁錮」から「七年以下の懲役」へと加重し（八条）、さらに次のような重罰規定も定められた。

> 戦時刑事特別法　一〇条一項
> 戦時ニ際シ公共ノ防空ノ為ノ建造物、工作物其ノ他ノ設備ヲ損壊シ又ハ其ノ他ノ方法ヲ以テ公共ノ防空ノ妨害ヲ生ゼシメタル者ハ死刑又ハ無期若ハ三年以上ノ懲役ニ処ス

建造物を破壊して妨害する者は少ないであろうが、この法律の処罰対象はそれにとどまらない。「其ノ他ノ方法」を含めた広汎な行為が処罰対象であり、いかなる形でも防空活動に支障を生じさせれば死刑・無期懲役を含む重罰が待ち受けている。

こうした規定の存在自体が「防空活動に逆らうことは重罪である」という強い国家意思を明示し、重圧として国民にのしかかる。

◆「退去命令」が追加規定されても基本方針に変更なし

退去禁止が規定された二年後、一九四三年改正により新たに「退去命令」が追加規定された。防空法八条ノ三の文言が、「……退去ヲ禁止又ハ制限スルコトヲ得」から、「……退去ヲ禁止若ハ制限シ又ハ退去ヲ命ズルコトヲ得」へ変更されたのである。

一見すると、「退去禁止」とは正反対の「退去命令」を発するという大転換のようだが、実際は違う。一九四三年一〇月二八日、安藤紀三郎内務大臣は衆議院の審議において退去命令の提案理由を次のように説明した。

> 都市住民ノ事前ニ於ケル退去ハ、一般ニハ之ヲ禁止制限シ得ルコトノミ規定セラレテ居リマシタガ、情勢ノ推移ニ伴ヒ、

空襲判断上其ノ必要アリト認メマシタル場合ニ於キマシテハ、一定区域内ノ老幼病者等ノ要保護者其ノ他ニ対シマシテ、退去ヲ命ジ得ル如ク今回改正致シタノデアリマス

（衆議院防空法中改正法案委員会・一九四三年一〇月二八日）

要するに、退去命令の対象はあくまで老幼病者等に限られるというのである。

これに続く審議で、木村正義議員は、「（前略）……従来ハ自由ニ退去スルコトハ認メナイトイ云フ御方針デアッタト思ヒマス、唯、一定ノ老幼者或ハ保護者、不具者、サウ云フ者ハ退去スルコトヲ許サレテ居ッテ、他ノ者ハ退去セシメナイト云フ方針デアッタト思ヒマス」と述べて、今後はむしろ事前退去を勧奨するのかと質問した。

これに対して上田誠一防空局長は、従来の方針を根本的に変更するのではなく、「段階ガ迫ッタ時分ニハ、第八条ノ三ノ規定ニ依リマシテ、場合ニ依ッテハ退去ヲ命令スルコトガ出来ル、斯様ニ致シタイ、斯ウ云フ趣旨デゴザイマス」と答弁している。

つまり、「段階ガ迫ッタ時分ニハ」、「場合ニ依ッテハ」という二重の限定をつけて、ごく例外的な場合のみ退去を命令するのであり、退去禁止の基本方針を変更するものではなかった。防空法施行令に基づいて定められた内務大臣通牒は、依然として「退去ハ一般ニ之ヲ行ハシメザルコト」と定めていた。

東京や大阪が大空襲で焼け野原になったのは、この法改正の一年半後のことである。その前後を通じて、退去命令が発せられて国民の生命が守られた実例は存在しない。

◆「疎開」すればよかったのか――退去禁止と疎開との関係

都市からの退去が禁止される一方で、政府の政策には学童疎開や人員疎開（人口疎開）も存在した。「疎開」は、

攻撃による被害を縮小するために部隊を分散配置する軍事作戦を意味するが、日本国内では空襲による被害分散のため事前に建物・施設・人員を地方へ分散する軍事作戦を指す言葉としても用いられるようになった。子どもを田舎へ送り出した「学童疎開」が知られている。

「退去」にはそのような意味はなく、純粋に都市部から移転するという意味にとどまる。防空法制下では、空襲を受けた際に家や職場から立ち去ることは「避難」であり、空襲を受ける前に予め都市から転居することが「退去」とされる（前掲・内務省「退去、避難及待避指導要領」）。特に軍事作戦という意味はもたされていない。

したがって両者は、本来の意味は異なるはずであるが、事実上は、疎開を幅広く認めると退去禁止は骨抜きになってしまう。両者の関係は、どのようなものであったのだろうか。

閣議決定「帝都及重要都市ニ於ケル工場家屋等ノ疎開及人員ノ地方転出ニ関スル件」（昭和一八年一〇月一五日）は、空地や道路を設けるために建物を撤去する「建物疎開」を計画的に実施すると表明する一方で、「人員疎開」は勧奨によるとだけ定めた。あくまで重視されていたのは建物疎開だった。

一九四三年一〇月二八日、衆議院の審議でもそうした政府方針が表明された。この日の衆議院防空法中改正法案委員会において、田中伊三次議員が「徒《イタズ》ラニ逃ゲル、徒ラニ出テ行クヤウナコトガ疎開デハナイノデアリマシテ、此ノヤウナ状況ノ多少ナリトモ現レテ居リマスコトハ、マコトニ都市防空上ノ遺憾事デアルト私ハ思フノデアリマス」と述べて、都市疎開の本義を問いただした。これに対して安藤紀三郎内務大臣は、都市疎開の目標は都市内に非建築地や空地を確保することであり、工場家屋の疎開によって副次的に人員の地方転出も生じるであろうから、その限りにおいては「人員ノ地方転出、所謂人口疎散疎開」となると答弁している。独立して人員疎開のみを実施する考えはなく、あくまで建物疎開に伴う人員転出だけを実施するという。

これに続けて安藤内務大臣は、都市から何万人を地方へ転出させるという大規模な疎開は、移転先の住居や食糧を考慮しなければならず、現時点で実施できるものではないとの考えを示した。したがって政府の疎開政策は、都市からの退去を認めるものではなかった。

さらに以下のように疎開は抑制されていき、老幼病者以外については疎開は認めないのが原則とされた。結局、建前として疎開政策は存在したが、あくまでも基本は退去禁止なのであって、それを害しない程度で建物疎開や学童疎開が限定的に実施されたのである。

◆建物疎開が優先、人員疎開は後回し

一九四三（昭和一八）年一二月二一日、「都市疎開実施要綱」が閣議決定された。

これは、人員疎開の対象者として、①建物疎開に伴う転出者を原則として掲げ、その他の者として、②疎開区域外での就労者、③転廃業者、④都市に居住する必要のない者、も対象に含めた。しかし、②〜③は実数として多くないうえに、これらの者が地方部に転居先・就職先を見出すことは困難であった（現在のような郊外の工場や工業団地は存在しない）。結局、主要な疎開対象者は①建物疎開による転出者である。

さらに同「要綱」は、人員疎開は強制せず「勧奨」にとどめる。しかも移転先住居の確保は「縁故先」に求めるという自己責任の原則を採用した。戦時下の物資窮乏・食糧難のため疎開者の受け入れは難しかったが、政府は疎開先の手配や紹介など一切しなかった。

こうした状況で人員疎開が進展するはずはない。この閣議決定後も人員疎開は抑制され、「政府によっても、国民の間においてもいっこうに具体化しなかった」とされる（逸見勝亮「日本学童疎開史序説」『北海道大學教育學部紀要』五一号〔一九八八年三月〕一七頁）。

その後、この閣議決定を実質的に変更する形で、政府は一九四四年三月三日に「一般疎開促進要綱」と「帝都疎

開促進要目」を閣議決定した。疎開の主たる対象者として、建物疎開に伴う転出者のほかに老幼病者等が加えられた。建物疎開は迅速に実施する一方で、人員疎開については「建築物疎開ノ繰上ゲ施行ニ依ル輸送事情等ヲ考慮シ最有効ナル遂行ヲ期スル為重点的計画的ニ指導スル」（同「要綱」）という言い方で後回しにされた。これにより一般的人員疎開という政策は放棄され、疎開政策は老幼病者・要保護者の問題と捉えられていくことになった（前掲・逸見論文三一頁）。そのことは、次にみる政府発行の『週報』からも分かる。

◆あくまで疎開の対象は「老幼病者」のみ

戦前から政府情報局が編集発行していた『週報』という週刊誌がある。戦争指導の強化にともない発行部数も増加し、一九四三年三月以降は一五〇万部という当時の雑誌として最大の発行部数を誇っていた。空襲が頻発し始めた頃、次のような記事が掲載されている。

「老幼病者疎開問答」

問　こんどの疎開実施の対象となる者をもう少し詳しく話して下さいませんか。

答　第一は国民学校初等科の児童、第二は乳幼児（まだ国民学校にゆかない者）、第三は妊婦（妊産婦手帳をもっているまだ赤ちゃんを産まない者で、もう赤ちゃんを産んでしまった産婦、褥婦は含まれない）、第四は老者（年齢が六十五歳を超える者）、第五は長い間病気をしている者、または不具病疾者で介護を要する者、つまり看病や付添保護を必要とする者、以上のような人達が疎開実施の対象となっています。つまり大きな眼目は、防空活動に支障を来たすと考えられる人達に地方に行ってもらいたいわけなのです。

（『週報』四二三号（一九四四年一一月二九日）五頁）

このように東京大空襲の四ヶ月前の時点でも、老幼病者等だけが疎開実施の対象とされていた。これに続けて、疎開をするには市役所が発行する地方転出証明書が必要であること、自分で荷造りと小運送をすること、国鉄での荷物輸送は一人五個以内に限ることが記載されている。「輸送は戦局の激化につれて、非常に逼迫しているのですから、疎開する場合は、持ってゆく物は本当の生活必需品にとどめ、できるだけ身軽にして出て行くこと」とも書かれている。容易に都市を離れて疎開できる状況にはなかったのである。

ところで、疎開対象者に「乳幼児」と「妊婦」は含むが、出産後の女性は含まないことが明記されている。男手は兵隊に取られてしまい、都市に残った女性は重要な労働力であり防空要員であるから、出産直後の女性といえども疎開対象者に含めなかったのである。

◆幅広い業種が「疎開足止め」

学童疎開および人員疎開は、あくまで防空活動を円滑にするための施策であり、疎開者の生命を保護することが主目的ではなかった。ついには、次のように「疎開足止め」という見出しが新聞紙上に現れた。前述の閣議決定「帝都疎開促進要目」を受け、疎開を抑制する東京都の方針が紹介されている。

「生産、防空要員　疎開足止め　老、幼、病、妊は推進」

都防衛当局では帝都の防衛態勢を強化するため防空活動の足手まといとなる老幼、病者、妊産婦の人員疎開を重点的に強化する一方、軍需生産、防空業務等に従事する人々はあくまで帝都に踏みとゞまり冷静沈着にわれらの帝都を防護せしめるべくこれらの人員に対する疎開を抑止することになり十一日各区役所に対し通牒を発した。

要残留者として挙げられる者は

㈠軍需生産に従事するもの

(二)交通、運輸、通信関係の業務に従事するもの
(三)電気、瓦斯、水道その他重要公共施設の従事者
(四)医師、歯科医師、薬剤師、産婆、看護婦、保健婦等
(五)警防団員、防空監視員等の防空業務従事者
(六)食糧配給等国民生活の確保または現下戦争遂行上欠くことの出来ない重要業務従事者

であって、これらの人々は当局が許可する場合またはその理由とするところが全く已むを得ない場合の他は転出証明書を発行しないこととなった。

(『毎日新聞』一九四四年一二月一三日付)

当時は、小さな町工場も含めた繊維・鉄工・電機・土木などあらゆる業種が軍需生産に向けられており、そこに勤務する者はすべて疎開が認められなくなる。父母は軍需生産と直接関係ないが、子どもが学徒動員により軍需工場で仕事をしている場合にも疎開は足止めされる。また(五)などは、そもそも都市住民は全員が隣組に組織されて、防空活動に従事していたのであるし、男子が兵役に取られた後に残された女性が防空監視員などとして防空業務に従事しており、彼女らも疎開できなくなった。

この「疎開足止め」の記事は、東京大空襲の三ヶ月前のものである。さらに、次のとおり退去禁止政策は強化されていった。

写真13　空襲激化を前に、「逃げるな守れ」、「疎開足止め」と呼びかける記事。

◆転出防止のための「強力な指導」

すでにサイパン島などが陥落して米軍基地が建設され、空襲の本格化が確実視され

ていた一九四五（昭和二〇）年一月。政府は次のような「空襲対策緊急強化要綱」を閣議決定した。徹底的に都市人口を残存させる方策を取り、そのためには強制力の発動も辞さない姿勢が明示されている。

> 空襲対策緊急強化要綱
> 第二、戦時緊要人員ノ残留確保
> 帝都其ノ他重要都市ニ残留ヲ要スル戦時緊要人員ハ其ノ範囲ヲ明定シ之ガ地方転出防止ニ関シ強力ナル指導ヲ加ヘ職域死守ノ敢闘精神ヲ昂揚セシムルト共ニ所要ニ応ジ防空法又ハ国家総動員法ニ依リ之ガ残留ヲ確保セントス
> （閣議決定・一九四五年一月一九日）

地方転出防止のための「強力ナル指導」と、「職域死守ノ敢闘精神ヲ昂揚セシムル」との強い姿勢。そのうえで、人員確保のためには防空法や国家総動員法による強制措置も辞さないと明記する。国家総動員法四条は、徴用に応じない者を一年以下の懲役または一〇〇〇円以下の罰金に処すると定めており、これを発動するというのである。

この方針から二ヶ月を経ないうちに、東京と大阪が大空襲の被害を受けた。政府方針に従って都市に残留した多くの市民が犠牲となった。

◆東京大空襲の翌日——「疎開よりも空襲に耐えること」

一九四五（昭和二〇）年三月一〇日の東京大空襲は、それまでの局所的な空襲とは異なり、住宅地を含む広範囲への無差別空襲だった。一晩で一〇万人以上が亡くなる重大な被害に、政府の動揺も大きかったはずである。その後も、三月一二日に名古屋、三月一三日に大阪が大空襲を受けた。

ところが政府は、甚大な被害を目の当たりにしても、都市からの「退去禁止」と疎開抑制の方針を改めなかった。

東京大空襲の当日、小磯首相は次のようにラジオ演説をした。

「憤激・滅敵へ起て　首相放送　罹災者を激励」
小磯首相は敵機の帝都空襲に関し十日午後七時二十分から左のごとき放送を行った。〈中略〉
罹災者各位に対しては、帝都に踏止まって敢闘さるゝ人に対しては勿論、その疎開を希望さるゝ人々に対しても政府としては時局柄不十分ながらあらゆる手配を迅速にいたしたい所存である、しかしながら短期決戦を焦る敵は今後益々空襲激化して来ると考へる、しかも敢然として敵の空襲に耐へることこそ勝利の近道である。〈中略〉各位が益々必勝の確信と憤激とを新たにし断じて一時の不幸に屈することなく征戦目的の達成に邁進せられんことを切望する。
（『朝日新聞』一九四五年三月一一日付）

疎開を希望する罹災者に対しては「時局柄不十分ながら」と留保しつつ「手配を迅速にいたしたい」と表明した。続けて「しかしながら」と述べて期待を裏切り、結局は「敵の空襲に耐えることこそ勝利の近道」と述べている。猛火により生命、家族、財産を奪われ、焼け野原に放り出された国民に対して、これ以上どのようにして耐えろというのかは述べていない。

『朝日新聞』三月三〇日付には、東京大空襲後の「罹災と強制疎開をめぐる一時的動揺を阻止するため」に警視庁が国民に対して発した注意喚起が掲載された。そこには、防空要員は「積極的に帝都に踏み止まって防衛の第一線に活躍すべき義務がある。託された帝都防衛の責務に鑑みたら、みだりに疎開したり持場を放棄することは自ら許されないはずだ」とある。国民の「一時的動揺」を阻止する注意喚起というが、都心部からの人口流出に対する政府側の「動揺」も窺える。そうした状況下で、次のように政府は正式に疎開を抑制する閣議決定を出す。

◆大空襲の翌月、政府が決定した方針は

一九四五年四月七日、小磯國昭に代わって鈴木貫太郎が首相に就任した。新内閣は発足早々に、疎開に関する方針を閣議決定した。東京・名古屋・大阪が焼け野原になり十数万人が死亡した情勢下で、政府は少しでも退去禁止・疎開抑制の方針を変更したのか。その答えがここにある。

「現情勢下ニ於ケル疎開応急措置要綱」

第一　方針

疎開ノ真義ハ国土防衛体制及必勝生産体制ヲ確立スルニ在ル所以ヲ此ノ際更ニ徹底スルト共ニ、一層秩序的ニ疎開ノ進行ヲ図リ其ノ目標ヲ完成セシムルモノトス

第二　要領

一項　㈠人員疎開

人員疎開ニ付テハ　㈠老幼妊産婦病弱者（介護者ヲ含ム）　㈡疎開施設随伴者（地方転勤者ヲ含ム）　㈢集団疎開者　㈣前各号以外ノ罹災者及強制疎開立退者（但シ離職者）ヲ先ヅ優先的ニ疎開セシムルモノトシ、右以外ノ者ノ疎開ハ当分ノ間之ヲ認メザルモノトス

（閣議決定・一九四五年四月二〇日）

この閣議決定は、「疎開の真義」は国土防衛体制と必勝生産体制の確立にあると述べている。つまり人命保護が目的ではない。疎開の「進行」を図るというが、やはり老幼病者や集団疎開（学童疎開）者など以外の疎開は認めない。空襲の凄まじさを知り始めた市民に対して、あらためて「最後まで逃げるな」という最後通牒を発したのである。

この後も、全国の都市は空襲被害を受けていった。もはや日本軍は制空権を失い、首都を含む全国の上空を敵機が悠々と飛来する。本来ならば、さらなる犠牲を食い止めるため退去・疎開を励行すべきだった。しかし政府は、

人口流出による労働力・生産力減少を危惧して、全く逆の措置をとった。政府による都市退去禁止方針は終戦まで一切変更されなかった。

◆「守るべきもの」に関する軍の論理

防衛庁防衛研究所（当時）の『国土防衛における住民避難――太平洋戦争に見るその実態』（一九八七年、研究資料87RO－11H）という部内資料がある。「冷戦真っ盛り」の時期で、「国土防衛戦」（当時はソ連軍の北海道着上陸を想定していた）における住民避難施策をテーマにして、本土決戦段階の沿岸地域における避難準備施策の分析から、対ソ戦における住民避難における教訓を引き出そうとしたものである。

ここには、老幼病者以外の疎開を認めなかった前掲・閣議決定「現情勢下ニ於ケル疎開応急措置要綱」も引用されている（二七頁）。その三ヶ月後に出された防空総本部次長名の通牒（同七月一五日）では、地方都市でも都市残留者の確保が強調され、「姑息なる一時的逃避に堕することなき様、之が態勢を一層整備強化せしむること」とされるに至った（二八頁）。この通牒が出されたのは、米軍による中小都市空襲が激化した時期と重なる。無理な残留を強いられた結果、避難すれば助かった命がどれだけ失われたかは、本書で明らかにした通りである（特に青森空襲の例。本書一一二～一一五頁参照）。

このような軍の論理は、沿岸地域住民の避難施策にも貫かれている。内務省警保局警備発甲第四号（昭和二〇年一月一八日）、地方長官（知事）への通牒によれば、住民の避難には、「待避」「緊急避難」「避難」「退去」の四基準があって、「退去」となると、「国民挙げて抵抗に徹する主義に基き、一般には原則としてこれを認めず」とされていた（九一頁）。また、南九州を担任する第五七軍の「決号作戦および会戦計画（案）」（八月一二日）には、「避難なる観念を去りて、軍の手足纏となる者のみ邪魔にならぬ地域によけしむるの主義をとる」とはっきり書かれていた（一〇四頁）。ここには、「守るべきものは何か」をめぐる軍の論理、すなわち「軍は国家を守るのであって、住民を守らない」が、これ以上はないというほどの圧倒的率直さで表現されている。使える住民は戦力化され、軍とともに国家を守る任務に従事させられる。だから、「避難」という考え方は捨て、「使えない住民」（女性、子ども、老人、病人）は、「軍の手足纏」（足手まとい）になる邪魔な存在として「よけしむる」対象と認識されていたわけである。

■二■　空襲時には火を消せ（防空法八条の五）

◆猛火から逃げずに消火せよ

「退去禁止」と同時に新設された「応急消火義務」は、ただ逃げることを禁止するだけではなく、空襲の猛火にも突撃して消火活動を貫徹せよと命じる点で、より直接的に人命を危険に晒す規定である。その条文は以下のとおりである。

防空法　第八条ノ五

一項　空襲ニ因リ建築物ニ火災ノ危険ヲ生ジタルトキハ其ノ管理者、所有者、居住者其ノ他命令ヲ以テ定ムル者ハ命令ノ定ムル所ニ依リ之ガ応急防火ヲ為スベシ

二項　前項ノ場合ニ於テハ現場附近ニ在ル者ハ同項ニ掲グル者ノ為ス応急防火ニ協力スベシ

第一項は建物の管理者・所有者・居住者に応急消火を義務付けている。さらに第二項は、空襲時に現場付近にたまたま居合わせた者にまで、消火協力義務を課している。防空精神を表す「自分の持ち場を守れ」という標語があ

るが、自宅や勤務先だけでなく通りすがりの場所も守らなければならない。すべて目の前で起きた火災からは逃げられないことになる。

具体的な防火義務者の範囲や防火方法については、法律には明記せず「命令ノ定ムル所ニ依リ」と委任している。これを受けて、防空法施行規則（内務省令）は次のように定める。

防空法施行規則　第一二条

一項　左ノ各号ニ掲グル者ニシテ当該建築物ニ付空襲ニ依ル火災ノ危険ヲ生ジタル現場ニ在ルモノハ防空法第八条ノ五第一項ノ規定ニ依ル応急防火ヲ為スベシ

一　建築物ノ管理者、所有者又ハ居住者

二　建築物内ニ勤務、就業又ハ修業ノ場所ヲ有スル者

二項　防空法施行令第七条ノ二第一項各号ニ掲グル者其ノ他正当ノ事由アル者ハ防空法第八条ノ五第一項ノ規定ニ依ル応急消火又ハ同条二項ノ規定ニ依ル応急防火ノ協力ヲ為スコトヲ要セズ

（昭和一六年一二月一八日内務省令第三九号）

このように防空法施行規則は、防空法に明記された所有者・居住者以外にも対象を広げ、建物内で勤務する者などにも消火義務を負わせている。例外は、「防空法施行令七条ノ二ニ掲グル者」、すなわち七歳未満の者、国民学校初等科児童、妊産婦、六五歳を超える者、傷病者等と、「其ノ他正当ノ事由アル者」だけであった。これら以外の者は、ことごとく消火義務を負わされた。

建物の管理者・所有者・居住者が消火活動をしなかった場合には、五〇〇円以下の罰金となる（防空法一九条ノ三）。この処罰規定の存在自体が、国民への重圧となった。

なお、防空法「八条ノ五」は、一九四三年改正により「八条ノ七」となったが、文言は変更されていない。

◆現行の「消防法」と、どのように違うか

戦後に制定された消防法（昭和二三年七月二四日法律第一八六号）には、次の規定がある。一見すると防空法八条の五と似ているようである。

消防法　第二五条
一項　火災が発生したときは、当該消防対象物の関係者その他総務省令で定める者は、消防隊が火災の現場に到着するまで消火若しくは延焼の防止又は人命の救助を行わなければならない。
二項　前項の場合においては、火災の現場附近に在る者は、前項に掲げる者の行う消火若しくは延焼の防止又は人命の救助に協力しなければならない。
〈以下略〉

しかし消防法と防空法は、次の点で根本的に異なっている。

第一に、消防法は、消火活動を積極的に妨害した者のみを処罰する（四〇条）。防空法は、消火活動をしなかったという理由だけで処罰する（一九条ノ三）。

第二に、消防法は、あくまで消防の専門家である消防士が早急に駆け付けることを前提としており、それまでの短時間についての努力義務を定めている。防空法は、消火が完了するまで消火活動を貫徹することを義務付けている。

第三に、消防法は、現実に「火災が発生したとき」に限定して消火義務を課している。防空法は、「火災ノ危険ヲ

生シタルトキ」と規定しており、まだ建物が燃えていなくても周囲からの延焼の危険があるだけで防火義務が生じる（それゆえ条文は「消火」ではなく「防火」の義務としている）。

第四に、消防法は「国民の生命、身体及び財産を火災から保護する」という目的（一条）のために制定された法律であり、生命身体に危険が及ぶ場合にまで消火義務を課すものではない。これに対し、防空法は国土防衛を立法目的としており、国民は「生命を投げだして国を守れ」と指示されていた。

そもそも消防法が想定するのは、まず一箇所の建物から出火して火災が発生した場合である。これに対して防空法は、焼夷弾攻撃による火災を想定しており、周囲の広範囲が火の海となった状況下での消火活動が義務付けられることになる。その危険性は、現行の消防法の想定場面とは比べものにならない。

◆帝国議会の審議――「全焼を待つよりほかに仕方がない」

消火義務を課すことによって防空の目的を達することができるのか。水野甚次郎貴族院議員は、次のように法案に疑問を差し挟んだ。

> 防空ハ国民ノ義務デアルト云フ点ニ付テハ全ク浅田男爵ノ御説ノ通リデアルト思ヒマス。実際ニ私ハ先般ノ防空演習ヲ見マシテモ御祭リ騒ギノ感ガアルノデアリマス……（中略）……三千度ノ熱度ヲ持ッタ焼夷弾ニ対シテ、アノ小サナ「バケツ」デ水ヲ傍へ持ッテ行クヤウナ余裕ガ果シテアルノカ、傍へ寄レルモノヂヤナイ……（中略）……此ノ日本ノ御粗末ナ家屋ヲ、焼夷弾下ニ在ル時ニアンナ状態デドウシテ火ガ消シ得ルノデアルカ、私共誠ニ空恐ロシク感ジマシタ。全焼ヲ待ツヨリ外ニ仕方ガナイノヂャナイカト思フノデアリマス。
>
> （貴族院防空法中改正法律案特別委員会・一九四一年一一月一七日）

質問自体は、防空義務を全否定する趣旨ではなく、科学的研究の必要性を指摘することに主眼がおかれている。東京物理学校（現在の東京理科大学）出身の水野議員らしい質問である。これに対して答弁に立った藤岡長敬・内務省防空局長は、次のように弁解する。

現状ノ儘《ママ》デ満足シテ居ルモノデハナイト云フコトヲ御答へ申上ゲマス。モット訓練シ、モット器具、機材ヲ整備シ、モット能率ヲ上ゲネバナラヌモノデアルト存ジテ居リマス。併シ何回モ繰返シテ申上ゲマスヤウニ、主人ハ昼間働キニ出テ、女バカリガ家庭ヲ守ッテ居ルト云フヤウナ住居地域ニ於キマシテハ、アレ以外ニ方法ガナイノデアリマス。アレヲ訓練シテ防空ノ目的ヲ達成シ得ルヤウニ能率ノ向上ヲシテ参ラナケレバナラヌト思ッテ居ルノデアリマス……（中略）……焼夷弾ガ落チマシタラ、直チニマダ延焼ヲシナイ内ニ駆付ケテ防火ヲヤルト云フコトガ狙ヒデアリマス。

（前同）

男手がなく女ばかりなので仕方がない、これまで通り焼夷弾へ駆けよって「バケツ」の水をかける訓練を積む、それ以外に方法がない、という開き直りの答弁。科学的見地も具体的方策も一切述べられていない。

前述のとおり防空法改正は貴族院・衆議院で合計四日間の審議だけで成立した。その議場では精神主義が終始強調された。防空施設の整備が不足していると指摘した芦田均衆議院議員に対して、藤岡防空局長は、「防空ハ勿論施設ニ十全ヲ図ラナケレバナリマセヌガ、同時ニ防空精神其ノモノヲ十分涵養シマシテ、施設ノ足リナイ所ハ精神デ補フ……」と述べている（衆議院防空法中改正法律案委員会・一九四一年一一月二〇日）。政府が防空施設を整備する責務を棚に上げて、その不足を各人の防空精神で補うというのである。実質的な対応が必要とされる生死にかかわる問題に対して、恣意的な精神主義を強制するものといえよう。

◆合理的な消防対策は皆無の「戦法」

精神主義に満ちた防空精神とは異なり、職業として消防活動に従事していた人々はリアルな認識をもっていた。例えば、栗原久作『消防戦法概論』（大日本警防協会、一九四一年）はいう。「消防戦法必勝の要件は、優秀なる相当量の機械器具と之が使用に充分なる水利の重要なるは今更言を俟たざる所なり」（一頁）。これに続けて、消防車や消防水利の充実、人員の配置などを含む合理的な消防対策が展開されている。「家庭防空」についても一応触れてはいるが、決して過大評価はしていない。そこには、火災にはあくまでも消防のプロが対処すべきだという冷静な眼がある（一一七頁）。

一方、帝都防空学校編『隣組防空群指導要領』（警視庁防空課、一九四四年）には、過度の精神主義が見受けられる。たとえば、「大型油脂焼夷弾に対する戦法」はこうである。

> ある者は表口から又他の者は裏口から又は窓からと云ふ具合に四、五名のものが四方から飛び込んで火焔をまともに受けて居る天井や襖等周囲の燃え易いものに馬穴や喞筒でどんどん水をかけ飽迄一にも延焼防止、二にも延焼防止を原則として當らねばならぬ。〈中略〉
> 火と戦はんとする十分な身仕度があり火と戦ふ以上少し位の火傷を覚悟の下に必勝敢闘の心構へさへあれば直ぐそばまで飛び込んでも何等危険はないのであるから勇敢に飛び込んで飽迄《あくまで》懸命防火の戦法に出る事が原則であることを忘れてはならない（二四九～二五三頁）。

消防のプロなら、こんな無謀な要求を市民にはしないだろう。精神主義の極致は次の一文に示される。

> 空襲を受ける以上前線も銃後の区別もない訳である。各家庭は勿論凡ての建物は自家であらうが借家であらうが何れも国家を守る保塁であり陣地である。……火と戦ふものは人である。そして戦ふものは人間の精神であり更に勝敗を決するのも人

間の精神である。……最後の勝敗を決するものは結極個人々の精神である其の魂が決するのである（二五三～二五四頁）。

火災に対する知識をもち、十分な訓練を受けた消防士は、引き際も心得ている。だが、避難を恥とされ、引くに引けず、無茶な消火活動を強いられた結果、多くの市民が逃げ遅れた。

◆時局防空必携――「焼夷弾は簡単に消せる」

政府は、隣組や警防団に対してどのような消火活動を指導していたのであろうか。政府発行の公式冊子『時局防空必携』（昭和一六年初版）には、その指導内容が述べられているはずである。以下にその抜粋をみる。

『時局防空必携』

「空襲の実害」

焼夷弾も心掛けと準備次第で容易に火災とならずに消し止め得る（五頁）。

「焼夷弾が落ちたら」

防火のやり方は、直ちに周囲の燃えやすい物に水をかけると同時に、濡筵類《ぬれむしろるい》、砂、土等を直接焼夷弾に冠せ、その上に水をかけ火焔を押え延焼を防ぐ。

エレクトロン焼夷弾の火勢が衰えたものは屋外に運び出す。

黄燐焼夷弾が飛散って柱やフスマ等に附いたときは速かに火叩《ひたた》き等で叩き落して消火する（一九～二〇頁）。

「火災になったら」

被服を水で濡らし消火にあたる。

燃えている所にどんどん水をかける。

次の方法により隣家への延焼防止に努める。この場合多量の水が必要であるから水の補給に気を付けること。

一　隣家が火焔をかぶっているときは、バケツ、水柄杓、水道ホース等でその場所に水をかける。

二　熱気をうけて建物の外側から水蒸気を発散しているときは、火を発しやすい庇下、妻等に注意して、バケツ、水柄杓、水道ホース等で水をかける。

風下では飛火《とびひ》の警戒をする。飛火の警戒には水で濡らした火叩きで飛火を消すか、バケツ、水柄杓等で水をかける。

警防団や消防隊が駆けつけて来たら、その指図に従って消防の補助にあたる（二一～二二頁）。

「火叩き」とは「防空七つ道具」の一つで、竹棒の先に縄を一〇本程度取り付けた「埃はたき」のようなものである。およそ焼夷弾の猛火に対処できるものではない。

この『時局防空必携』や『週報』など政府発行物には、身体・生命を守れという指示は一切ない。避難を認める記載もまったく存在しない。それどころか、建物から熱風が吹きだす猛烈な火災にも立ち向かい、バケツ等で水をかける危険な消火活動を指示している。「火を消す」とか「国民の生命を守る」という点からは無意味な行動であるが、それに参加させることによって「国のために命を捨てる」という思想を植え付けることができる。その点からは、国家にとって大いに意味のある行動であった。

◆さらに非科学的になった「改訂版」

非科学的な記載は、『時局防空必携』昭和一八年改訂版にも引き継がれた。

ただし改訂版には、空襲に対する警戒心をもたせる記述も加わった。一例として、「飛行機の性能はだんだんよくなり数もどんどん殖えてゐる。今後は相当大規模の空襲をくり返し受けるおそれが多い」（三頁）という記述がある。それまで政府は、航空部隊による鉄壁の守りがあるから空襲を受ける可能性は低いと宣伝していたのを方針変更している。

それでも、空襲を怖れずに防空の任務を遂行せよと命じ、無謀な方法で焼夷弾に立ち向かうよう指示する点は初版と同様である。焼夷弾の種類に応じた消火方法も書き加えられたが、以下にみるように非科学的な記載に満ちている。

『時局防空必携』(改訂版)

「焼夷弾が落ちたら」

焼夷弾の種類や状況に応じ、併せて次の処置をする

・エレクトロン焼夷弾

筵類を水で濡らしてその上に水をかけるか、砂袋を投げつけて焼夷弾の火を抑へる。

焼夷弾の火勢の弱いものは速やかに『シャベル』等で屋外に運び出す。

・油脂焼夷弾

筵類を水で濡らしてかけるか、水をかけるか、『バケツ』や『シャベル』で砂や土を投げかけて油脂の火焔を消す。

・黄燐焼夷弾

塊って燃えている黄燐には、水をかけるか、筵類を水で濡らしてかけるか、『シャベル』等で掬ひ出す。

飛び散って燃えている黄燐は水で濡らして火叩きで叩き消すか、水をかけて消す。

素手や素足で黄燐に触れない。

焼夷弾が屋根裏に止ったら、鳶口か長棒で突き落とす。

焼夷弾が防火に不便な所に在るときは、鳶口か長棒で移動する。

高い所や遠い所の火焔は水柄杓で水をかける。

小火焔や火の子は火叩きで叩き消す。

黄燐は長く燃え続け、又一旦消した後でも燃え出すから之を取り除けるか、安全な所に運び出して燃焼させる。

焼夷弾は家庭の何処に落ちているかもわからない。押入、物置、天井裏、床下等にも注意する。（二二一～二二四頁）

これは、焼夷弾の威力を余りにも過小評価した記述である。焼夷弾が屋根に止まったら棒で突き落とすとか、天井裏に落ちていないか注意するなどと指示されると、「焼夷弾とは、その程度のもの」、「落ちていても気付かない程度のもの」であるかのような誤解が生じる。

実際には、焼夷弾は、悠長に水をかければ消えるというものではない。焼夷弾が落下すれば周囲は直ちに火の海になり、こんな牧歌的な消火活動では太刀打ちできない。

また、エレクトロン焼夷弾に水をかけるとマグネシウムと反応して燃焼が強まってしまう。したがって「筵類を

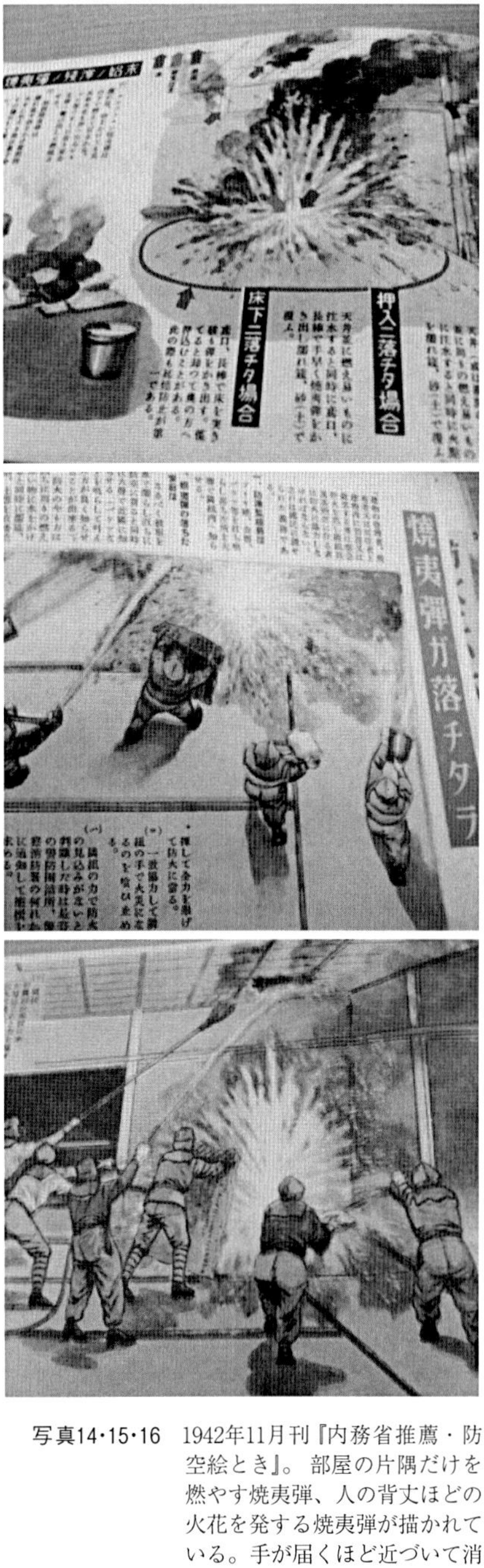

写真14・15・16　1942年11月刊『内務省推薦・防空絵とき』。部屋の片隅だけを燃やす焼夷弾、人の背丈ほどの火花を発する焼夷弾が描かれている。手が届くほど近づいて消火活動をするのが模範とされた。

水で濡らしてその上に水をかける」という対処法は、かえって危険を生じさせる。

　空襲の危険性を強調し過ぎると市民が逃げ出してしまう。危険性を否定すると防空準備がおろそかになる。そのため、空襲の可能性があるが焼夷弾を消すことは容易であると思わせることによって、空襲から逃げ出さないように虚偽の情報を流布したのである。

◆科学者は知っていた——焼夷弾を消すのは不可能

　科学者たちは、焼夷弾の消火は事実上不可能であると知っていた。

　大阪帝国大学教授（物理学）の淺田常三郎は、その著書『防空科学』（積善館・一九四三年）のなかで、第一次世界大戦で使用されたエレクトロン焼夷弾の性能調査を発表した。実験により、摂氏二七六〇度もの高温に達して約二〇分にわたり燃焼剤が燃え続けることが分かった。この焼夷弾を二〇〇〇発搭載できる一機が来襲しただけでも、「如何なる消防でも、或はそれらの補助員も、一度にこれらの火事を消すといふことは非常に困難」と明快に指摘している（一五四頁）。さらに淺田は、「テルミットは現在の所では消火することは殆ど不可能」、「約一五〜二〇秒で燃えつくしてしまふ（その間にエレクトロン燃焼剤に引火して猛火を発する）から、テルミットの燃えている間に焼夷弾に駆けつけるといふことは極く稀である」と指摘した（一五六頁）。

　また、本土初空襲で使用されたテルミット焼夷弾についても、水をかけるとマグネシウム反応により爆発が起こることから「テルミット自身は消すことは不可能」と指摘していた（一五九頁）。

　そのうえで淺田が提唱する消火方法は、直径四六センチで不燃性の「焼夷弾捕獲器」で完全に覆うというものである（一五八頁）。しかし、落下する焼夷弾の数に見合う量の「捕獲器」を隣組が用意することは技術的・経済的に不可能である。B29爆撃機は一機あたり三八四〇発の焼夷弾を搭載し、それが数十機から百機以上の編隊で襲来するのである（東京大空襲では約三〇〇機）。およそ歯が立たない。

さらに浅田は、炭酸アンモニウムを加えた明礬《みょうばん》水溶液などが封入された「消火弾」を投げ込む方法を紹介するが、市販品の多くは消火の効果がないと結論づけた。浅田は、「戦争で兵士が手榴弾を敵に投げるのと同じであり、火に対する攻撃的精神を養成するうえに於いて得るところ大なり」という「精神的効果」が宣伝されていることを紹介し、その効果については消火弾の中味が薬液であろうと真水であろうと同様であるという（一八六～一八九頁）。当時としてギリギリの表現で、科学者らしい皮肉を述べたようにも読める。

それでも浅田は、「消火できないから逃げるしかない」という結論は導かなかった。現実には困難または不可能な消火方法を提案するしかなかったのである。当然ながら捕獲器も消火弾も、広く実践に取り入れられることはなかった。

この『防空科学』は、厚い表紙がついた約三〇〇ページの解説書である。ここに書かれた本当の焼夷弾の威力は国民に周知されず、代わりにわずか五〇ページ程度のコンパクトな『時局防空必携』だけが広く頒布された。

◆「防空七つ道具」を準備せよ

『時局防空必携』は、都市の各家庭において次の「防空七つ道具」を用意するよう指示している。

・水
・砂
・むしろ　数枚
・バケツ
・火叩き

・鳶口（なければ長い棒）
・水びしゃく

用意すべき水の量は、一五坪未満の建物の場合は一〇〇リットル、それ以上の建物ならば一〇坪につき五〇リットルの割合で水を増やすものとされた。一〇〇リットルというと小型バケツ一〇杯程度である。これだけでは焼夷弾の猛火を消せない。

砂は五〇リットルを用意し、「すくって投げかける分」と「袋に入れて投げつける分（一升ずつ袋に入れる）」とに分けるものとされた。しかし、焼夷弾はその程度の砂を瞬時に吹き飛ばしてしまう。

新聞紙上には、防空道具を紹介する記事が掲載された。その一例を挙げる。

「固めよ家庭防空陣　最近の防空要具一覧表」

鳶口（二円五〇銭）△火たたき（六五銭）△秋田産防火むしろ（縦五尺横四尺一円二五銭）△黒幕紙（一級品一枚四〇銭）△鉄兜（マグネシウム軽合金製八円八五銭）△警鐘（同上四円二〇銭）△救急箱（救急薬二四種入り二〇円）△砂袋（一〇個一組六〇銭）△メガフォン（ファイバー製一円）△防焔剤（日産化学四〇〇グラム九〇銭）△防空用電灯カバー（陶製各種四五銭－一円二六銭）△防空用電球（六四銭）△防火メガネ（不燃性セログラス製八〇銭）△持出袋（紙布製一円六五銭）△バケツ（木竹製二円七五銭）△ロープ代用救命竹（各階用九円五〇銭－二七円四〇銭）△夜行マーク（蓄光塗料三五銭）

※某デパート防空用品部調べ

（『朝日新聞』一九四三年一月三〇日付）

記事の末尾には「秋田産火むしろとは八郎潟特産海藻製で非常に防火性が強い」との注釈もある。防空意識を商機につなげる商売人魂と、これらを買い揃えることで不安を紛らせようとした市民の意識が垣間みえる。しかし、全てを買い揃えても、焼夷弾による猛火を消し止める効果は得られない。

◆長さ一メートルの「火叩き」を用意せよ

七つ道具の一つ、「火叩き」。その作り方は、赤い派手な表紙に「内務省推薦」と書かれた書籍『防空絵とき』（大日本防空協会・一九四三年、四一頁）で図解されている。そこには、「火叩きは短柄のものは長さ一メートル位、長柄のものは長さ二、三メートル位の竹か棒に棕梠縄《しゅろなわ》か襤褸縄《ぼろなわ》等をとりつけて作る」とある。たった一メートルの長さでもよいという「火叩き」が、焼夷弾が噴出する猛烈な火焔を消す代表的な消火用具として奨励されていく。空襲

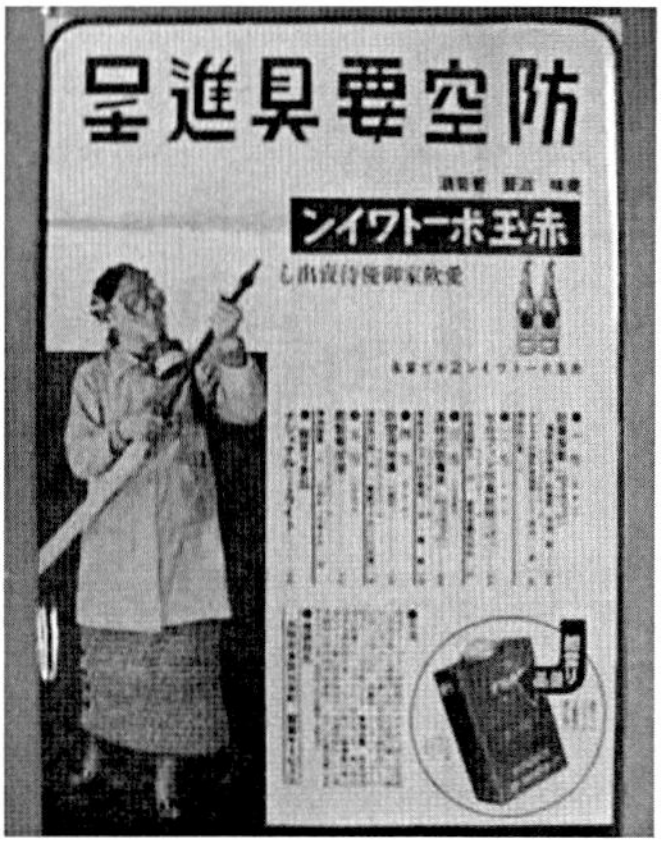

写真17　ワインの広告に、防毒マスク姿のミスマッチ。お買い求めの方に「防空要具進呈」とある。

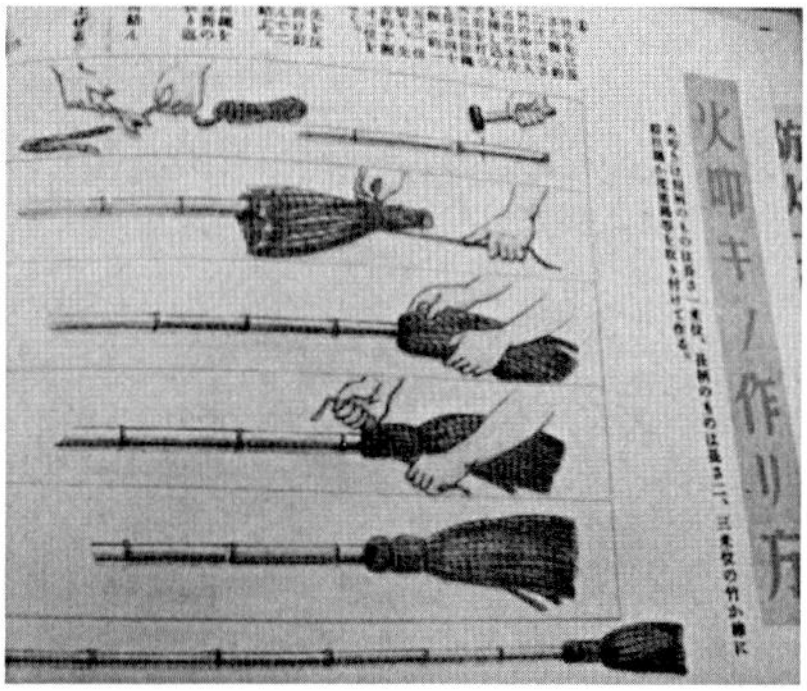

写真18　『内務省推薦・防空絵とき』1942年11月刊。長さ1メートルの棒を使った「火叩き」の作り方を解説。

体験者の多くが「火叩きは家にあった」と述懐している。

『週報』に掲載された「防空座談会」には、「火叩きは非常に役に立つそうですね」、「柄の短い、腰に挟んでおける程度の火叩きも、襖などに燃えついた火をパッパッと叩き消すのに便利です」と記載されている。あたかも簡単に火を消せるようである（『週報』三〇二号〔一九四二年七月二二日〕七頁）。しかし、これを信じて焼夷弾に近づくのは極めて危険である。また、焼夷弾から噴出した燃焼剤（黄燐やテルミットなど）が付着した個所を叩くと、燃焼剤が跳ね跳んで衣服に付着して大火傷や皮膚損傷を起こしてしまう。

このように危険で科学的根拠のない「消火方法」が、政府によって流布されていった。

◆「子に惹かれる気持ち」を戒める女性向け雑誌

一九四一年防空法改正以降、民間出版社が発行する雑誌や書籍でも、繰り返し「防空特集」が組まれるようになった。その紙面では、政府関係者が果敢な防空活動を推奨・賛美した。

月刊誌『主婦之友』も、「内務省防空局指導・必勝の家庭防空法」という全七ページの特集記事を組んだ。その表紙には「家庭防空必勝号」と掲げられ、防空活動を担う女性の心構えを説いている。その内容を抜粋する。

『主婦之友』昭和一八年七月号

「消防隊に頼るな——我家は我が手で」

家庭消防の根本は初期消火＝火事は最初の五分間といふが、この場合、一分間と訂正したい。日本の木造家屋は燃え易いが、素人にも消し易いといふ特徴がある。この二つをしっかり腹に叩き込んで、協力一致敢闘精神をもって当たれば、大型焼夷弾といえども恐れるには足らない（三〇頁）。

「赤ちゃんは誰が護るか」

主婦が赤ちゃんを背負って防空に活躍するのは実際問題として不可能だから、できれば待避する隣組の老人や子供達の手で護るようにしたい。特に母親は子供に惹かれる気持ちを強く戒めねばならぬ。
家庭では——全員持場に頑張って、是が非でも消火を完了しなければならない。年寄・幼児・病人・不具者・妊産婦は、避難所で騒がず、静かに係員の指導に服す。
敵機通過と同時に直ちに焼夷弾落下現場に駆けつける姿勢をとっていること。
利己心を捨てよ——責任者の指揮をまって、一人勝手な行動をとらないことが、混乱防止の根本。個人主義的な行為行動は防空必勝の大敵！（三二頁）

女性たちは「子供に惹かれる気持ち」を戒められた。子どもと離れて身体を張って消火活動をせよ、子どもより消火を優先せよというのである。

政府発行の『週報』にも、男手不足のため女性の力が必要であるから、子どもに対して「一人ごとに必ず保護者がつく必要があるとは限らない」とする質疑応答が掲載された（『週報』三六四号〔一九四三年一〇月六日〕一八頁）。

日々の防空訓練で中心に立つのは、もんぺ姿の女性たちであった。そして空襲後には、母子の焼死体が多数横たわることとなった。

◆「防毒マスクは不要」の精神論

焼夷弾への危険な対処法は、繰り返し指示宣伝された。『週報』三三六号は「大型焼夷弾の防護心得」という特集を組み、その冒頭には「何よりも水を沢山かけることが大切です」と記載されている（八頁）。これはテルミット焼夷弾のマグネシウム爆発を誘発する危険な対処法である。焼夷弾そのものに水をかけるのではなく周囲に水をかけて延焼を防げという記述もあるが、それは一部分であり、全体として「相当沢山の水をかける」などの指示が繰り返されており、不正確かつ危険な内容と言わざるを得ない。
さらに黄燐焼夷弾については、次のように述べている。

『週報』第三三六号（一九四三年三月二四日）
黄燐焼夷弾は猛烈な白煙を出しますが、この煙は五分や一〇分吸っても、生理的にはほとんど無害ですから、人命救助等で、特に濃い煙の中で長い時間活動する場合は各別として、普通は防毒面（マスク）を付けないで、恐れず突入し敢闘することです（一〇頁）。

これは、きわめて危険な指示である。黄燐は猛毒性があり、現在では毒物劇物取締法により毒物と指定されている。吸引すると急性中毒症状を引き起こして意識障害や肝腎臓障害を生じる。

黄燐焼夷弾の危険性はすでに科学者から指摘されていた。前述の物理学者・淺田常三郎は、「黄燐は非常に有毒なるゆえ決して皮膚につかぬようにせねばならない」（前掲『防空科学』一六一頁）と述べている。陸軍技師・陸軍科学学校教官であった浄法寺朝美も、黄燐焼夷弾の落下時は「消火に従事する者はマスクをかけるか、防塵眼鏡をかけ、口・鼻を濡手拭いで覆う必要がある」と述べている（『爆弾・焼夷弾・瓦斯弾』（朝日新聞社、一九四三年）四〇頁）。

科学者が危険性を指摘しているにもかかわらず、政府はそれを無視して「防毒面を着けずに突入せよ」と国民一般に指示したのである。非科学的な精神論であり、直接に人命にかかわる「安全神話」である。

東京大空襲の一ヶ月前にも、油脂焼夷弾は「せいぜい千度以下」、「初期消火さへうまく行けば家庭防空陣で完全に消し止めることができる」、黄燐焼夷弾は「発火点に近い濃厚な所では防毒面を要するが耐へられる程度ならその必要はない」などとする記事が掲載された（『朝日新聞』一九四五年二月七日付）。そもそも「初期消火さへうまく行けば」とか、黄燐焼夷弾の猛毒が「耐へられる程度なら」という前提条件が成立しないのであり、巧妙な言語トリックといえる。

◆「バケツ五、六杯で消せる」、「焼夷弾は手で掴める」

一九四四（昭和一九）年以降、本土各地で空襲が散発するようになり、いよいよ大規模空襲が予期されるようになった。焼夷弾の威力を過小評価する宣伝は、この頃からさらに強まった。新聞各紙には、次のような記事が掲載されていく。

「一刻も早く注水を　焼夷弾は恐れず消せ」

来るべき敵機空襲に備へて、防空総本部では民防空戦闘の勝敗を決定する防火につき次のやうに注意を喚起した。

日本家屋は燃えやすい、しかし消しやすい――防火を考へる時、この特徴をしっかり把んでいる必要がある。〈中略〉

焼夷弾は煙と火焰がもの凄く、恐怖のため尻込みしたり放棄したりする人があるが、何も恐ろしいことはなく、バケツ五、六杯で消し止めた場合もあるから、恐れず突進することである。

（『朝日新聞』一九四四年一一月五日付）

バケツ五、六杯の水で焼夷弾を消すことは不可能である。政府発行の『時局防空必携』でさえ、一五坪未満の建物では一〇〇リットル、一五坪の建物では一五〇リットル以上の防火用水を用意せよと指示していた。それでも不十分であるが、ましてやバケツ五杯で消せるはずはない。油脂や黄燐などの燃焼剤を噴出する焼夷弾に「突進」するのは自殺行為である。

その後、全国で空襲が頻発するようになると、焼夷弾への恐怖心を打ち消したい余りに、驚くほど非科学的な記事が増加する。次にみるのは、東京大空襲の三ヶ月前の記事である。ついに焼夷弾を「手掴み」で投げ出せという指示まで出されるようになった。

「手袋の威力　焼夷弾も熱くない」

小幡防空総本部指導課長は、次のやうに夜間防空活動の戦訓を語った。〈中略〉落下した焼夷弾は油脂弾で三キロから十キロ程度のものらしいが、老人や女性が手袋をはめた手づかみで外に投げ出して消している。手袋をはめて掴めば熱くもなんともない、一人で四、五発も投出して火災を食止めている事実もある。〈中略〉挺身敢闘の精神さへあれば、全く恐れるに足りぬことを強調したい。〈中略〉焼夷弾は水に浸した手袋などでその元部（焔の噴出していない部分）を両手で持ち安全な場所に投げ出して処置すること

（『朝日新聞』一九四四年一二月一日付）

老人や女性が「挺身敢闘の精神」を発揮し、焼夷弾を手づかみで投げ出して火災を防いだという。これは新聞記者が勝手に書いたものではなく、防空総本部の課長が述べた内容である。無責任極まりない記述に唖然とする。さらに別の新聞記事では、警視庁の役人が「防空科学精神」を説いている。

「闘魂に加へよ〝科学〞　正確な知識で闘い抜こう」

防空科学精神の必要を強調する警視庁防空技術官の話である。〈中略〉今度の夜間爆撃で、誰もが油脂焼夷弾の性質を理解し、手袋をはめさえすれば手づかみでも処理できることを知った。しかし一部には黄燐弾なら手が出ないと考へている者がある。これなども黄燐焼夷弾の性質をよく研究していない証拠である。防空服装を完全にし、最初の火花さへ防護すればその処置は簡単である。爆弾や焼夷弾について、せめて『防空必携』の説明ぐらいは熟読しておきたいものである。

（『朝日新聞』一九四四年一二月八日付）

「科学」を装いながら、あまりに非科学的な内容である。またしても「焼夷弾は手袋で掴める」と言い、猛毒の黄燐弾にも恐れずに突撃して「処置」するよう求めている。この記事の三ヶ月後、国民は真実を知らされないまま東京大空襲に始まる大規模空襲を迎えることとなる。

記事中で警視庁技術官は『時局防空必携』を読むよう指示している。しかし、さすがの『時局防空必携』も、摂氏一〇〇〇度の火焔を噴出する油脂焼夷弾を手で掴めなどという無謀な指示は一切しておらず、水でぬらした莚《むしろ》をかけるか、水・砂・土を投げかけて火焔を消すよう求めていた（それすらも消火の効果は乏しいが）。

◆「初めから家を一軒犠牲にする覚悟で」

米軍が名古屋市への空襲で用いた黄燐焼夷弾について、中部軍・赤塚中佐の談話が次のように報道された。焼夷弾の威力を実地に確認した軍幹部の報告である。

「音の割に火は弱い　顔や手についたら衣類で拭え」

中部軍赤塚中佐は名古屋の空襲状況を視察したが防空必勝の道を次のごとく語った。〈中略〉今回の名古屋空襲の特徴は、敵が従来の六ポンド焼夷弾ではなく新種の焼夷弾らしきものと油脂焼夷弾を使用していることである。〈中略〉某町の部落民がこの焼夷弾について『グアンと物凄い音がしたと思うとあたり一面火の海となっていたので消すも消さぬもなかった』と語っているように相当強度の音と火力を発するものと思われる。〈中略〉

自分がこの部落を空中から見たときには、部落全部が燃えているように見えたのに、地上に降りて現場に行ってみると各戸が個別的に燃えているだけで案外大きな火ではなかった。だから初めから家を一軒犠牲にする覚悟で初期消火を重点的にやれば大した心配はいらぬと思われる。〈中略〉

顔と手に火傷を受けている者が多かったが、これは焼夷弾のベンゾールの飛沫を顔に受けて無意識に顔へ手をやったためと思われるが、こんな場合は直接手で拭かず、必ず衣類か何か布地で顔を覆って一時空気を絶ちさえすれば容易に消せる。
（『朝日新聞』一九四四年一二月二七日付）

「あたり一面火の海」、「相当の火力」であると紹介しながら、結局は「心配はいらぬ」、「容易に消せる」と締めくくっている。また、上空からは「部落全部が燃えているように見えた」と言いながら、地上でみれば「各戸が個別的に燃えているだけ」だったというのは理解しにくい。要するに集落内の各家屋が「個別的に」全戸燃えるという大きな被害が生じていたのではないだろうか。

歴史的事実として大空襲の惨劇を知る私たちは、こうした新聞記事の行間からも、空襲と焼夷弾の猛威を読み取ることができる。しかし当時の多くの国民は、統制された言論下におかれて疑問を抱くことも許されなかった。

なお、同じ月の新聞紙上には、次のような記事も掲載された。東京・武蔵野の中島飛行機工場が空襲を受けた直後、記者が警視庁の飯塚防空課長に同行して被災地を訪れた際の「防空戦訓」が紹介されている。

「防空戦訓　集中待避は禁物」
Ｂ二九を帝都に迎えた二七日、敵機は主として二五〇キロの大型爆弾ならびに同型の黄燐焼夷弾を投下したが果敢なわが防空陣の活動により被害を最小限に食い止めた。〈中略〉焼夷弾は地上に激突すると漏斗口をつくる相当強烈な破壊力をもつが、わが方から見れば一つの効率的な破壊消防の役割を敵弾自体が引き受けてくれているわけで、延焼防止も可能となる。
（『朝日新聞』一九四四年一二月三〇日付）

焼夷弾が自ら「破壊消防」の役割をする、つまり建物破壊によって延焼を防ぐ効果があるのだという。警視庁の防空課長が真面目にこのようなことを考えていたのか甚だ疑問である。焼夷弾が地上に直撃すると、直ちに半径一〇メートル以上にわたり火焔や燃焼剤を噴射し、周囲の建物を瞬時に発火燃焼させるのであり、およそ「破壊消防」たりえない。焼夷弾の威力を矮小化して、その危険性から国民の目をそらすための露骨な情報操作が行われたのである。実際の空襲を体験すればすぐに嘘とわかる宣伝だが、政府の目的は、空襲の瞬間まで国民を都市に残留させること。それによって生じるおびただしい被害への心配りなどはない。

◆焼夷弾実験演習で確認された威力

一九四三（昭和一八）年二月一四日、日本軍が中国大陸で押収したアメリカ製焼夷弾を使用した実験演習が行われた。開催場所は大阪府内であり、その様子が「日本ニュース」という国策映画に記録されている。

そこには、油脂焼夷弾を二階建ての模擬家屋に直撃させたところ、約三〇メートルの巨大な火焔を噴き出して建物が一気に燃焼・崩壊する様子が撮影されている。黄燐焼夷弾の実験では、水平方向一〇〇メートルを超える広範囲に火焔と火花が飛び散っている。実験演習を見つめる数百人の表情は、恐怖で凍りついている。これまでの防空演習では太刀打ちできるはずのない威力に直面し、圧倒されている。

ところが、この映像とともに流れるアナウンサーの解説は、次のように焼夷弾の危険性を歪めて描いている。

「焼夷弾の威力」

大型焼夷弾とはどんなものか、その威力を広く知らせるため二月一四日大阪において焼夷弾の実験演習が行われました。ここに使われた焼夷弾は支那前線で押収したアメリカ軍のもので、それぞれ二〇キロ、五〇キロの油脂弾および黄燐弾であります。

一見ものすごい威力を発揮すると思われるこの大型焼夷弾も、訓練ある隣組防護団員の消火の前には常備の砂、むしろ、防火用水で立派に消し止められ、尊い実験の結果が得られたのであります。

備えあれば憂いなし、敗戦の面目挽回策にアメリカが唱える日本本土空襲もたゆまざる防空訓練と必勝の信念の前には全く恐るるに足らないのであります。

（日本映画社「日本ニュース」一九四三年二月二四日）

この映像を映画館で見た国民は、どのように思ったであろうか。アナウンサーの「恐れるに足らない」という言葉とは裏腹に、動揺と不安を感じた者も多かったはずである。それでも、もはや国民は戦争からも防空義務からも逃げ出すことはできなくなっていた。

◆なぜ、役に立たない消火方法を命じたのか

防空法一〇条一項に基づく防空訓練（防空演習）は、全国の市町村で実施された。『時局防空必携』が示すように「バケツで水をかけろ、砂をかけろ」という訓練である。なぜ政府は、客観的には役に立たない消火方法を、大掛かりな防空訓練をしてまで国民に命じたのか。三つの理由が考えられる。

第一に、ムード作り。自ら臨戦態勢につく覚悟を国民に植え付ける必要があった。戦争は遠い中国大陸の話ではなく、まさに日本本土に迫ってきていると印象付けるのである。

第二に、「空襲を受けるのは日本軍が弱いからだ」という反軍意識の形成を回避する目的である。そのためには「軍隊が全力を尽くしても、空襲は必至である」と事前に国民に教え込み、その根本原因から目をそらし、空襲への「備え」に目を向けさせる必要があった。

第三に、人口流出による軍需生産力の低下や、敗北的な逃避観念を生じさせないために、「逃げられない体制」を作る必要があった。防空訓練を通じて確固とした防空体制を確立し、隣組による相互監視の網を張らせた。

こうして、都市の住民は否応なしに防空体制に組み込まれた。戦争に反対する言動が犯罪とされる治安維持法のもとで、異を唱えることも許されないままに「最前線」となる都市での防空活動を義務付けられたのである。

◆生徒も防空補助員に――「学校報国隊」の結成

中国戦線が泥沼化して日米開戦の足音も高まってきた一九四一年八月、全国の学校に教員と児童生徒からなる「学校報国隊」が設置された。「全校編隊の組織を持ち、総力を結集して適時出動し要務に服し、その実効をおさむるものにして防空活動のみにあらず教練、食糧増産、作業その他勤労奉仕、国体訓練等を実施する」ものとされた（昭和一六年文部省訓令第二七号）。

学校報国隊のなかに設けられた「防空補助隊」は、防空警報発令とともに、隊長以下全員が警視総監の指揮下に入り、監視や消火の陣頭指揮を行うこととされた。危険な業務を命じられるため、学校報国隊のメンバーは防空法一二条の「防空従事者」に該当するとされ、死亡・負傷した場合には「扶助金」が支給されることとなった（昭和一六年一二月二七日内務省告示第六八九号）。防空従事者扶助令の別表によれば、障害扶助金は最高一五〇〇円、死亡時の遺族扶助金は最高一〇〇〇円とされる。

戦局悪化の一途にあった一九四三年九月一一日、文部省は「学校防空指針」を発表し、校長のもとに教職員学生生徒が一丸となって実施する「自衛防空」と、学校関係者が一般民防機関の活動に参加する「校外防空」の強化を指示した（『週報』三六三号〔一九四三年九月二九日〕八～一五頁）。中学三年以上の生徒は、自衛防空または校外防空機関の「防空補助員」となることが義務づけられ、空襲時にも帰宅が許されなくなった。学校防空活動は、空襲警報を待つことなく警戒警報発令時から開始され、警報発令と同時に授業を休止し、防空活動に入るものとされた。それ以前は、空襲警報が出るまで授業をやっていたから、この措置は学校の戦時色を一層強めることになった。

一〇日後の九月二一日には、東条内閣が「国内態勢強化方策」を閣議決定した。文系学生の徴兵猶予を停止して学徒出陣に向かわせる決定などを含んでおり、学校現場にも重大な影響を与えた。

◆「御真影」優先の学校防空

戦時色ただよう学校現場で、何よりも大切にされたのが、天皇と皇后の写真をおさめた「御真影」である。一八八九（明治二二）年の文部省総務局長通牒を契機に全国の学校に普及し、一九三六年までに全国の小中学校における「御真影」の「下賜率」はほぼ一〇〇パーセントに達した。

ところで、「御真影」が「下賜」されるようになってから、火事や災害のときに、「御真影」保護が直接・間接の原因となって命を落とす校長や教員が出てきた。「御真影に殉じた」最初のケースは、一八九六（明治二九）年の三陸大津波の際に死亡した教師・栃内泰吉だった。その後、「御真影」を守るために、何人もの教師（校長）が命を落とす。その死は粉飾・装飾をほどこされ、「美談」として喧伝された（詳しくは、岩本努『「御真影」に殉じた教師たち』〔大月書店、一九八九年〕参照）。

「御真影」の「下賜」開始の二年後、一八九一（明治二四）年一一月一七日。文部省は、「御真影」と教育勅語の謄本を「校内ノ一定ノ場所ヲ撰ヒ最モ尊重ニ奉置セシムベシ」という訓令を出した。これ以降、「奉安室」や「奉安庫」が全国各地の学校に設けられていく。一九二〇年代以降は、校舎から離れた場所に「奉安所」を作るようになった。校舎の火災で焼失する危険を考慮したのである（岩本・前掲九八頁）。一九四〇年代には、ほとんどの学校に独立した「奉安殿」が設けられていた。公式文書では「奉安所」とされているが、外見が神社の形をしていたため、重々しく「奉安殿」と呼ばれるようになったのだろう。

前記の文部省「学校防空指針」によれば、「自衛防空上緊急に整備すべきもの」のトップに、「御真影、勅語謄本、詔書謄本の奉護施設（奉安所の設置のほか、必ず奉遷所も決定し置くこと）」が挙げられている。ちなみに、第二順位は、「教職員学生生徒及び児童の退避施設」である（前掲『週報』三六三号一二頁）。

被害報告の仕方についても同様であった。「空襲による被害があつたら所轄警察署へ、一　御真影、勅語謄本、詔書謄本の安否、二　死傷者数、三　建物被害の程度を速報する必要がある。詳報は一定の様式を以て文書で、後刻文部省及び地方長官に提出すればよい」（同一四頁）。さらに「指針」は、奉安殿が危なくなった場合の処置方法をこう指示している。「直ちに所定の奉遷所に奉遷するのであるが、その場合は、御真影奉遷所であることを明らかにする標識を掲げ、警備を厳重にせねばならない」（同一四頁）。ここからは、子どもたちの命よりも、天皇の写真と言葉を記した紙きれを重視するという、異様なフェティシズムと倒錯した価値観が浮かび上がってくる。

ちなみに、同じ時期の大阪市教育局発行『学園防空必携』は、第一章「防空準備」、第二章「警戒警報発令の場合」、第三章「空襲警報発令の場合」、第四章「災害を受けた場合」という構成をとるが、いずれもトップ項目は、「御真影並に勅語謄本の奉護（奉遷）」である。

◆写真は命より重し

一九四五年の空襲時に、「御真影」を「守護」するために死亡した教師（校長および訓導）は一〇人にものぼったという。そのうち、福井市の若い女性教師の場合、公式記録には「御真影奉遷中爆死」とされているが、実は学籍簿等の重要書類を持ち出そうとしていたという（岩本・前掲二四九頁、一五三頁）。国家は人の死を単色に染めあげようとする。その教師が「御真影」を背負う校長のあとに続いて、必死に持ち出そうとしたものは、子どもたちの貴重な記録だったのである。

その頃、中学校の生徒のなかでも、「学校守備役」というものが選ばれていた。奉安殿を守る係である。これに選ばれたばかりに命を落とした生徒もいた。

一九四五（昭和二〇）年八月八日夜。広島県福山市は九一機ものB29爆撃機による二波にわたる空襲を受けた。五五五トンの焼夷弾が投下され、死者三五八人が出た。このなかに、「学校守備役」のため、避難せずに学校の奉安殿に向かい、途中で爆撃にあい死亡した高田仁さん（誠之館中学校）も含まれていた。仁さんの姉は、「安全な南へ逃げたと思っていた。わざわざ危ない方へ行くなんて……」と悔やむ（「福山空襲から五〇年」『朝日新聞』一九九五年八月八日付広島版）。

「たかが一枚の写真のために、なぜそこまで」というのは今日的な視点からの物言いだろう。当時は、天皇絶対の価値尺度に基づくマインド・コントロールが徹底していた。真面目で責任感が強い人ほど、こうしたコントロールは深く浸透したのだろう。

その「たかが一枚の写真」が納められた奉安殿だけが焼け跡に立つ、荒涼とした風景を目撃した人がいた。広島に原爆が投下されたとき高等師範学校二年生だった森田定治氏（元高校教師）は、広島市内で死体埋葬作業に加わった。その体験をこう書いている。

「次から次へと運ばれてくる死体に石油をかけて焼いたが、深夜は奉安殿の警備にあてられた。学校は全焼して崩れ落ちたが、奉安殿は鉄筋だったため焼け残っていた。……一瞬にして二〇数万人の命が消えた夜、なぜ奉安殿の警備かと、私は分からなくなった」（『朝日新聞』一九八九年一月一七日付、岩本・前掲二五七頁）。

学校現場でも実施された防空体制。ここでは、「命を投げ出して御国を守る」どころか、一枚の写真のために命を投げ出さなくてはならなかった。防空体制の歪みが際立っている。

「御真影」を守るために命を落とした最初のケース（前述）では、その死をめぐって、『国民新聞』一八九六年七月八日付に批判的投稿が掲載されたが、そこにこういう一文があった（岩本・前掲二九頁）。

「写真は再製し五製し十製すべし、人の性命《ママ》は再製すべからず」。

◆補論　神社の本殿は「奉安殿」

東京・目黒区にちょっと変わった神社がある。目黒通りを少し入った狭い道路に面して、敷地わずか一二坪の清水稲荷神社（目黒本町一丁目）。マンションや商店が立ち並ぶ静かな通りに面し、境内に高く茂った樹木が目立つ。鮮やかな朱色に塗装された本殿は一・八メートル四方の小さなものだが、重厚で広幅のコンクリート屋根が不釣り合いに大きく、妙にがっしりした印象を与える。

写真19　清水稲荷神社

写真20　清水稲荷神社の前の道

写真21　朝日稲荷神社

（いずれも2013年5月撮影）

実はこの神社の本殿は、近くにある鷹番国民学校（今でいう小学校）の「奉安殿」が移設されたものである。戦後、GHQの「国家と神道の分離指令」により、奉安殿は全国的に撤去・破壊されていく。鷹番国民学校は一九四五年四月一五日の空襲で校舎が全焼したが、丈夫な奉安殿だけは焼け残った。戦後、この奉安殿を神社の本殿とするため移設したのである。

一九九六年九月の取材当時、神社の向かいには菓子店兼不動産屋があった。そのご主人である山田澤太郎氏（当時七五歳、清水東町会長）によると、移設当日は近所の若い衆が大勢出て、コロの上にのせて、縄で引いて運んだとのこと。あまりの重さに、作業に二昼夜を要した。本殿の欄干も階段もすべて、奉安殿のものが使われているそうだ。

東京には、奉安殿をリサイクルした神社がもう一つある。大田区東雪谷五丁目の長慶寺境内、本堂の裏側にある「朝日稲荷神社」。近くの池雪《ちせつ》国民学校にあった奉安殿が使われている。こちらは清水稲荷神社とは違い、朱色の塗装がされておらず、扉のコンクリートもはげ落ち、鉄筋が剥き出しになっている。奉安殿の実際の雰囲気をリアルに伝えているという点で貴重である。池雪国民学校も一九四五年四月一五日の城南大空襲により全焼したが、ここでも奉安殿だけは残ったのである。

近くに住む直井勝太郎氏（当時六六歳）は池雪国民学校の卒業生。戦争中、同校南門左側にあったこの奉安殿に最敬礼して登校した一人だ。門番（週番の生徒）が目を光らせていて、欠礼する者に注意したという。直井氏によれば、一九四六年の春頃、町の世話役をやっていた父親や近所の人々が総出で、鳶職（住民の一人）の技術指導を受けながら、コロを使って長慶寺まで引っ張ってきたという。なお、「朝日稲荷」という名称の由来は、この地がかつて「朝日の長者」と呼ばれる人の屋敷だったことによる。

一九九六年の取材当時には木造朱塗りの鳥居が存在したが、二〇一三年五月の再訪問時には根本を残して除去されていた。鉄扉の表面が剥離するなど建物の老朽化も進んでいる。

かつて命よりも写真が優先された時代を経て、いまは静かに佇む奉安殿。近くに住む人でも、奉安殿が神社に再利用されているという由来や、奉安殿がどういうものであったのかを知る人は多くはない。

第三章　情報操作と相互監視

■一■　大空襲は「想定外」ではなかった

◆本土初空襲――死者九〇人でも「被害は僅少」

一九四二（昭和一七）年四月一八日、東京の東方沖一二〇〇キロの空母から発進したB25爆撃機一六機が、東京・名古屋・四日市・神戸などを爆撃し、死者約九〇人を含む甚大な被害が出た。本土初空襲（ドーリットル空襲）である（本書二一～三頁参照）。

この初空襲の被害実相は、警視庁に所属していたカメラマン石川光陽が戦後公表した記録写真により知ることができる。黒こげになった家族の死体、爆弾落下によりできた直径一〇メートル・深さ二メートルもの地表穴など、重大な被害が記録されている（東京空襲を記録する会『東京大空襲の記録』〔三省堂、一九八二年〕）。

翌日の新聞には、死体の写真は掲載されなかったが消火活動の様子や爆弾落下地点の写真が大きく掲載された。空襲の事実は直ちに全国へ知らされたのである。すでにＮＨＫのラジオ放送は全国に広がり、電話回線も全国につながっていた。

しかし、空襲の写真が掲載されたのはこの日だけ。政府は、空襲の悲惨な実情を徹底的に隠蔽し、その報道を全面的に禁止した。この空襲についての公式発表は以下のとおり。死者が出たことには一言も触れていない。

東部軍司令部発表（昭和一七年四月一八日午後四時半）

一、皇室の御安泰に亙らせられる事は我々の等しく慶祝に堪へざるところなり
二、防空監視隊の敵機発見およびその報告極めて迅速にして適時空襲警報を発令し得たり
三、敵の空襲は我空地防空部隊の奮闘と國民の沈着機敏なる動作とにより被害を最小限に止め得たり、國民各位は更に防火消火の準備を促進せられたし
四、敵は若干の爆弾のほかは焼夷弾を主として使用せり、焼夷弾は二キロのものなるが如くその威力は何ら恐るゝに足らざるも、屋根を貫きたる後、天井裏に止まるものあり特に注意せられたし

（以下略）

この発表が掲載された紙面には、「誓って尊き国土を護れ　備へあれば恐るゝに足らず」という大見出しの下に、防空総司令部総参謀長・小林浅三郎の談話が掲載されている。そこには、被害を僅少に食い止めたことへの「感謝」と、今後も空襲を受けることを「覚悟」せよという言葉に続けて、「如何なる猛空襲に対してもびくともしない、これは国をあげ、民をあげての確信でありました」とある。一方で「猛空襲」と認めながら、それでも「何ら恐れるに足りない」から消火活動にあたれというのである。

すでに退去は処罰対象となっている。それでも、黒焦げの焼死体が横たわる惨状が報じられれば、「空襲で死ぬよりは逃げて処罰される方がマシ」と思って逃げ出す者も出てくるであろう。それを避けるため、空襲被害は徹底的に隠蔽され、または矮小化して伝えられた。

◆「詮索するな」

本土初空襲を伝える新聞紙上には、次のような記事も掲載されている。

慎め　詮索や憶測　軍を信頼・職場を守れ

爆撃の状況を種々詮索したり、或いは憶測等によって流言蜚語をなす等は厳に戒めねばならない。作戦上のことに関しては一切軍に信頼して、一般国民はそれぞれ全力を挙げてその持場を守り、各自の任務を全うすることが必要である。

（『朝日新聞』一九四二年四月一九日付）

ここには、国民が真実を知ることを怖れた政府軍部の姿勢が表れている。首都周辺への敵機侵入を許した軍隊への批判をおそれて「軍を信頼せよ」と強弁し、空襲の恐怖が広まらないように「詮索はするな」と指示し、空襲の悲惨さを語る者がいたとしても「流言蜚語だから信じるな」と流布したのである。

このとき政府が恐れたのは、スパイによる諜報活動ではなく、多くの国民が空襲の危険性を知ってしまうことであった。

◆二度と登場しなかった焼け跡の写真

この本土初空襲を伝える『朝日新聞』四月一九日付は、一面トップに「我が猛撃に敵機逃亡」、「軍防空部隊の士気旺盛」などの勇ましい大見出しが躍っている。それと同時に、被害の実相が垣間みえるところもある。同紙一面には煙をあげる民家と消火活動の様子が、二面には焼け落ちた建物や爆弾落下跡の大陥没が、写真で紹介されている。死傷者の写真は掲載していないが、断片的ながらも大型写真によって被害状況を報じている。

ところがこれ以降、終戦まで約三年四ヶ月間の新聞紙上からは、こうした写真は姿を消した。焼け跡の写真が掲載されることはなくなり、「被害は軽微」いう軍司令部発表が中心を占めるようになり、空襲記事の面積は狭められていく。

約三年後の東京大空襲では、一晩で一〇万人の死者という被害は報道されなかった。大本営発表は「市街地を盲爆せり」、「八時頃迄に鎮火せり」などという素気ないものであり、新聞紙上には一枚も写真がない。本土初空襲時の紙面と比較すると、報道統制が強まったことが分かる。

◆急務となった情報統制――ミッドウェー海戦、翼賛選挙の時代

当時、大日本帝国憲法二九条は言論報道の自由を「法律ノ範囲内ニ於テ」しか認めず、新聞紙法（明治四二年法律第四一号）や国家総動員法（昭和一三年法律第五五号）は検閲や出版掲載禁止処分を定めていた。さらに本土初空襲により衝撃を受けた政府は、空襲に関する報道を強く規制していく。

政府は、爆撃機が一二〇〇キロもの遠距離航行をして東京上空へ飛来するとは想像していなかった。そして、米軍機を一機たりとも撃墜できなかった（中国やソ連領に不時着した爆撃機はあるが、日本軍により撃墜されたものは存在しない）。真珠湾攻撃での祝勝ムードから僅か五ヶ月で、早くも本土上空への敵機侵入を許した政府・軍部への不信感、あるいは戦争遂行そのものへの反感が生じることは何としても避けたいところであった。

本土初空襲の一二日後（四月三〇日）、政府と大政翼賛会が一体となって衆議院総選挙に干渉した「翼賛選挙」の投票が行われた。これにより文字どおり翼賛体制を確立した政府は、対外戦略としてはミッドウェー海戦（一九四二年六月五～七日）に始まる南方侵略を急ぎ、国内的には徹底した言論統制を実施していく。「国民が戦争に協力する体制づくり」、「国民が空襲を恐れて逃げ出さない体制づくり」が急務であり、そのためには空襲の被害実相や恐怖

感を国民に伝えない情報統制が不可欠となった。以前から存在した「大本営」や「情報局」を強化するかたちで、次のように情報統制が強められていった。

◆最高統帥機関・大本営

「大本営発表」という言葉は、現在では「信用できない公式発表」を指す比喩的表現となっている。ミッドウェー海戦での敗退を「転進」と表現し、戦闘部隊の全滅を「玉砕」と表現するなど、日本軍の劣勢を歪めて発表したことで知られる。日露戦争後にいったん廃止されていた大本営は一九三七（昭和一二）年に再設置され、終戦直後まで戦争体制の中枢機構として存続した。その根拠となった勅令は次のとおり。

大本営令（昭和一二年一一月二〇日・軍令第一号）

第一条　天皇ノ大纛《タイトウ》下ニ最高ノ統帥部ヲ置キ之ヲ大本営ト称ス　大本営ハ戦時又ハ事変ニ際シ必要ニ応ジ之ヲ置ク

第二条　参謀総長及軍令部総長ハ各其ノ幕僚ニ長トシテ帷幄《イアク》ノ機務ニ奉仕シ作戦ヲ参画シ終局ノ目的ニ稽《カンガ》ヘ陸海両軍ノ策応協同ヲ図ルヲ任トス

第三条　大本営ノ編制及勤務ハ別ニ之ヲ定ム

第一条のとおり、大本営は陸海軍の最高統帥機関である。大本営会議には、天皇、参謀総長、軍令部・参謀本部の幹部が列席し、文官は参加しない。行政権を統括する内閣とは完全に別個独立した機構である。第二条は、「帷幄《イアク》ノ機務」すなわち天皇の執政への奉仕を任務と定めている。

この大本営に、陸軍報道部と海軍報道部がおかれた（両者は一九四五年六月に大本営報道部として統合された）。国民の生命を守る観点ではなく、国民を戦争体制に動員する方向から、徹底的に情報が操作されていった。

◆「宣伝戦」を担う情報局

一九四〇年一二月、大本営と並んで重要な情報統制機関が設立された。内閣直結の「情報局」である。それまで存在した内閣情報部と、外務省情報部、陸軍省情報部、海軍軍事普及部、内務省警保局図書課の事務を統合して、新聞への検閲を一手に引き受ける国家機関が誕生したのである。

情報局の管掌事項は次のように定められた。

情報局官制　第一条一項（昭和一五年一二月五日勅令第八四六号）
情報局ハ内閣総理大臣ノ管理ニ関シ左ノ事項ニ関スル事務ヲ掌ル
一　国策遂行ノ基礎タル事項ニ関スル情報蒐集、報道及啓発宣伝
二　新聞紙其ノ他ノ出版物ニ関スル国家総動員法第二十条ニ規定スル処分〔検閲・出版禁止〕
三　電話ニ依ル放送事項ニ関スル指導取締
四　映画、蓄音器レコード、演劇及演芸ノ国策遂行ノ基礎タル事項ニ関スル啓発宣伝上必要ナル指導取締

すでにアメリカが日本への鉄鋼輸出を禁止するなど日米関係の緊迫が高まり、中国華北部では「殺し尽くす・焼きつくす・奪い尽くす」という三光作戦が実施されていた。予想される戦争本格化にむけて国民の思想動員が急務とされた時期である。

情報局が作成した『情報局ノ組織ト機能』と題する全一〇九ページの文書がある（一九四一年五月一日付）。表紙には「極秘」と記載され、表紙裏には「本書ハ情報局ノ全貌明瞭ナルヲ以テ防諜上特ニ保管取扱ニ注意セラレタシ」とある。情報局の組織や活動内容は秘密扱いとされていたのである。

冒頭で「近代戦ノ特質ハ組織力ノ戦ヒデアル。武力戦、経済戦、思想戦等ノ要素ガ綜合形態デ戦ハレルトコロ

ノ一大組織力ノ闘争デアル」、「コノ組織ノ中心ヲナスモノハ人デアリ、精神力デアルコトハ今モ昔モ変リハナイ」、「依然トシテ一国一民族ノ精神力ノ強弱ガ一国一民族ノ運命ヲ左右シテイルコトガ感ゼラレル」と述べ、戦争遂行における精神力の重要性を説いている。そして、ドイツなど諸国が思想戦・宣伝戦を重視している状況を説明したうえで、次のように日本の状況に苦言を呈している。

翻ッテ我ガ国ハ如何。由来日本人ハ言挙ゲセヌ国、不言実行ノ国トシテ宣伝ヲ軽視シテキタ。マタ日本人ノ資質ハダイタイ宣伝ニ不適当デアッタ。シカルニ世界新秩序建設戦ノ先端ヲ切ッテ落シタ満州事変ハ、武力戦ソノモノヨリモ、寧ロ国際連盟ヲ中心トスル日支ノ言論戦ニ花ガ咲イタ感ガアッタ。ワガ出先機関ガ、文字通リ奮闘努力シタニモカ、ハラズ、宣伝戦ニハ惨憺タル敗北デアッタ。……

（『情報局ノ組織ト機能』三頁）

こうした「宣伝軽視」を打開して、思想戦・宣伝戦に打ち勝つ目的で、情報局は設置されたという。報道機関に対しても検閲や出版禁止だけでなく、より積極的に報道内容を指図するなどの介入を強めていく。その動きを以下にみていくこととする。

◆情報局の任務――「宣伝を流し込む」

報道機関や出版社に対する情報統制の重要性について、前述の『情報局ノ組織ト機能』は次のように述べている。

報道ハ正シイ与論ヲ構成スル根幹デアル。従ッテ政府ノ行フ発表ハ勿論、ソノ他一般報道モ国家的総合的見地ニ基ヅイテ常ニ一定ノ目途ノ下ニ一貫シタ方針ニ従ッテ企画統制サレナケレバナラナイ。外務省情報部、陸軍省情報部、海軍軍事普及部

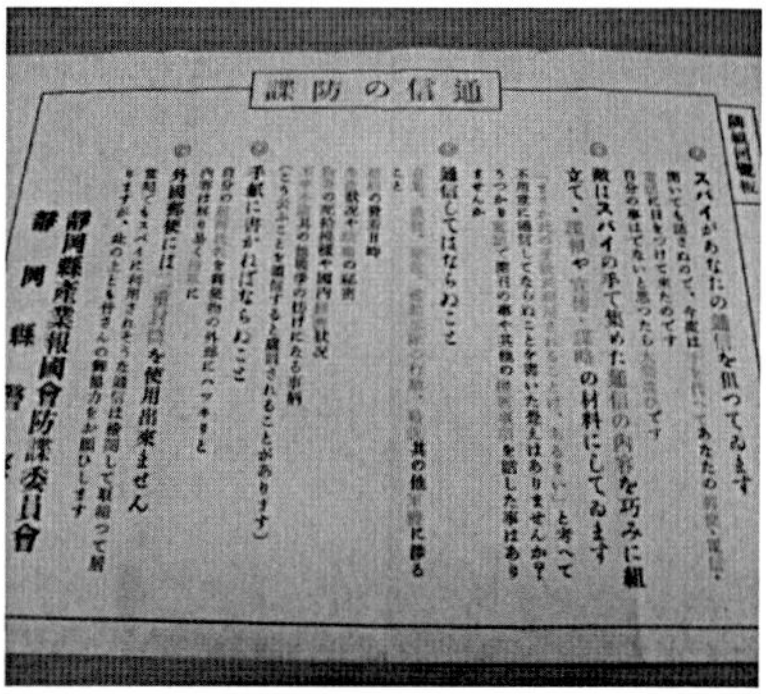

写真22・23　戦時中に発行された防諜絵葉書（左）には、「防空に負けず防諜我等の務め」とある。静岡県内の隣組回覧板（右）は「スパイがあなたの通信を狙っています」と注意喚起する。

等各庁ノ報道機関ガ情報局ニ一元的ニ統合サレタノモ右ノ理由ニ他ナラナイ（一二三頁）

報道ノ任務ハ我ガ国策ヲ内外ニ伝へ、内ニハ国民ニ対シテ国策ニ関スル十分ノ知識ヲ与ヘルト共ニ我国ノ進ムベキ目標ヲ明示シテ正シイ与論ヲ涵養シテ国策遂行ノ原動力タラシメ、外ニハ我国ノ意図ヲ闡明《センメイ》シテ理解共鳴サセ、以テ国際情勢ヲ我ニ有利ニ推進シテ国策遂行ヲ容易ナラシメナケレバナラナイ。ソレニハ単ナル一片ノ政府発表ノミヲ以テシテハ目的ハ達セラレナイ。記事取材上新聞社側ニ於テモ熱意ヲ以テ之ニ対処シテ自発的ニ国策ニ協力セシムルヤウニセネバナラヌ（一一四～一一五頁）

（国家総動員法二〇条による）掲載制限又ハ禁止事項ノ趣旨ノ徹底ヲ図リ違背スルモノナキヲ期スル為、毎月定期的ニ又ハ随時ニ都下七新聞社並ニ同盟通信社ノ編集責任者（整理部長）ヲ招致シ、記事取扱上ノ内面的指導ヲ実施シテ居ル（五九頁）

現存ノ有力雑誌等ニ協力ヲ求メ、宣伝ヲ流シ込ム必要ガアル。ソコデ取敢ヘズ現存ノ有力国策雑誌ヤ大衆雑誌トタイアップシテ国策解説トカ、時局解説トカイフ頁ヲ設ケルコトニツトメテイル（六七頁）

（前掲・『情報局ノ組織ト機能』）

国策を宣伝するのが新聞社等の役割であり、そのために国家機関が「内面的指導」をしたり、雑誌に宣伝を「流し込む」必要があると露骨に述べている。

これまでは、内務省警保局検閲課が新聞紙法や出版法などに基づく検閲を担当していたが、これと並んで、新たに設置された情報局が国家総動員法二〇条に基づく検閲と掲載出版禁止の権限を与えられたことになる。内務省による検閲は主として防諜や治安維持の観点からであるが、情報局による検閲は積極的な国策宣伝という観点から実施される。

この「情報局」による情報統制がどのように進められ、国民はどのような情報を与えられるようになったのか、次にみていくこととする。

◆帝国劇場に入居した「検閲の総元締め」

発足当初の情報局は、総裁・次長・秘書官・技手各一人のほか、情報官五一人、局員八九人および参与数人を含む大所帯であった。

国が接収した「帝国劇場」の建物に、情報局は居を構えた。オペラや映画が上映されていた洋風の建物が、突如として演劇等にも目を光らせる「検閲の総元締め」になったのである。その隣には高級フランス料理店や洋風宴会場からなる「東京會館」が存在したが、これも国に接収されて大政翼賛会の中央本部が入居した。言論・表現を監視する情報局と、国民に戦争協力の思想を植え付ける大政翼賛会が、奇しくも皇居に面して両隣りに並んだのである（現在は両ビルとも建て替えられて同じ場所にある）。

情報局に続いて、出版分野の検閲を担当してきた内務省警保局図書課も同じ建物に移転してきた。『朝日新聞』一九四〇年一二月五日付は、「検閲元締の引越し」と題する記事で、「出版警察の総本山」が帝劇跡の情報局に移転して、今後は「情報局第四部第一課と内務省警保局検閲課といふ二枚看板を掲げ従来の図書課の機構をグッと拡大して、映画、演劇、演芸の検閲をも吸収してしまふことになっている」と報じている。

情報局の設置により、検閲の権限機関が明確になり、人員体制も確保された。数回の組織変更を経た一九四四年一月当時の組織構成は以下のとおりである。

情報局　組織構成（「情報局官制」および「情報局分課規程」による）
　総裁官房
　　秘書課、文書課
　　審議室（世論指導方針策定の連絡調整）
　　戦争資料室（国内情報の収集、世論及び思想の調査、宣伝資料の作成）
　第一部
　　新聞課、放送課（政府発表事項など）
　　国民運動課（国民運動や行事の指導統制、講演会・展覧会などの啓発宣伝）
　　週報課（『週報』、『写真週報』の編集出版、写真による啓発宣伝）
　第二部
　　検閲課（新聞、雑誌、出版物、映画、レコード、演劇、演芸の検閲と取締り）
　　出版課（出版に関する統制、用紙の割当供給など）
　　文芸課（文学・美術など文芸による啓発宣伝指導）
　　芸能課（映画・演劇・音楽による啓発宣伝指導）
　第三部
　　対外報道課（外字新聞や対外放送についての指導）
　　対外事業課（対外文化事業、対外啓発宣伝）

このように報道・出版だけでなく幅広く「文芸」や「芸能」に対しても検閲や指導を行い、国策として啓発宣伝を徹底するのが情報局の役割であった。なお、本書に繰り返し登場する『週報』も、情報局の発行物である。

◆具体化されていく情報統制

本土初空襲（一九四二年四月）を受けた政府は、いよいよ空襲に関する情報統制に本格的に乗り出していく。三ヶ月後、大本営と情報局は「敵襲時ニ於ケル国内報道ニ関スル大本営陸海軍部、情報局間協定書」（昭和一七年七月三一日付）を締結した。発表事項ごとに大本営と情報部の権限配分が定められている。防空や戦闘に関する事項は大本営が発表し、空襲後の措置や一般情況については情報局が発表するという具合である。つまり、「敵機が、いつ、どこへ、何機来襲したか」という事実は大本営が発表し、「空襲など恐れるに足りない。都市から退去せず御国を守れ」といった思想宣伝は情報局が担当することになる。空襲時の消火方法などは内務省防空局が調査立案し、それを情報局が国民むけに指導宣伝することとなった。

新聞・ラジオによる空襲報道について、内務省警保局は「敵襲時地方庁ニ於ケル報道措置要領」（昭和一八年四月一五日）を定めた。そのなかで、敵襲時の報道の統一を図るため「報道事務担当機関」を設置すると定め、既設の部署である「特高課」が任務にあたることが示された。反戦や民主主義を主張する思想犯に拷問を加えるなど徹底弾圧をした特高課（特高警察）が、敵襲時の報道統制をも担当する。そこには空襲報道を強く統制しようとする政府の姿勢があらわれている。

さらに同「要領」は、「軍又ハ官公署ノ正式発表ニ依ラザル報道記事ハ総テ事前検閲ヲ受クルコト」と定めた。これにより、空襲被害についての独自取材記事を掲載することは、ほぼ不可能となった。

◆「一般ニ対シ伝達ヲ行ハザルモノトス」——隠された空襲予測

政府が隠したのは、実際に起きた空襲の被害だけではない。政府は、まもなく大規模の空襲が頻発することを予測しながらも、それを隠蔽した。

西太平洋・ガダルカナル島では一九四二年八月から六ヶ月間にわたり日本軍と連合軍が激戦を繰り広げ、日本軍は死者二万人を出した末に一九四三年二月七日に撤退した。これを受けて政府は「絶対国防圏」の縮小を決定し、陸海軍は次のように空襲必至と予測する文書を作成した。

「昭和十八年度　防空計画設定上ノ基準」　昭和一八年二月八日　陸軍省・海軍省

「本年度中期以降ニ於テハ以下ニ述ブル判断ノ如ク大ナル機数ヲ以テ反復空襲ヲ受クルノ虞アル」

「大東亜戦争今ヤ長期戦ノ様相ヲ濃化シ之ニ伴フ空襲ハ来年度以降更ニ深刻且激化スベキ趨向ヲ予想セラルル」

「小型焼夷弾ノ多数投下及ヒ焼夷威力ガ大ナル大型焼夷弾ノ混用投下ニ依リ焼夷弾ヲ企図シ特ニ五十乃至百瓩級ノ爆弾ヲ併用投下シ消防活動ヲ困難ナラシメントスル公算大ナルモ枢要部ニ対シ破壊ヲ企図シ二百五十瓩級ヲ主体トスル中、大型爆弾ヲ使用シ特ニ空襲機数ノ増大ニ伴ヒ集中投下スルノ公算モ亦少カラズ」

「本空襲判断ハ作戦上ニ及ボス影響ヲモ考慮シ一般ニ対シ伝達ヲ行ハザルモノトス」

このように政府は、大規模空襲が必至と判断しながらも、「一般ニ対シ伝達ヲ行ハザルモノトス」という方針をとった。一般国民が不安を抱くことによって戦争遂行が困難になることをおそれたのである。

なお、この前年一九四二年五月五日に、陸軍省と海軍省による同様の「昭和十七年度防空計画」が作成されている。そこには、陸上からの空襲攻撃を受ける公算は少ないが、航空母艦から出撃する爆撃機による奇襲を受ける可能性はあると書かれている。その前月に受けた本土初空襲（ドーリットル空襲）と同様の奇襲攻撃を予測していたのである。ただし、「国民には伝達しない」という記載はなく、それが記載されるのは翌「昭和十八年度」のものが最初である。

この一年後、同じく陸軍省・海軍省が作成した文書の冒頭にも、次の記載がある。

「緊急防空計画設定上ノ基準」　昭和一九年一月一〇日　陸軍省・海軍省

「大挙決戦的反復空襲ヲ予期シ重要部面ノ防空ノ急速ナル整備強化ニ徹底スルノ要アリト雖モ、之ガ為徒ニ人心ヲ刺戟シ苟クモ志気ヲ萎靡セシムルカ如キコトナガラシムルハ勿論、愈々防空必勝ノ信念ヲ堅持昂揚セシムルヲ以テ防空必勝ノ要訣ト為ス」

「本空襲判断ハ作戦上ニ及ボス影響ヲモ考慮シ一般ニ対シ伝達ヲ行ハザルモノトス」

※萎靡《イビ》＝気力がなくなること

空襲予測を伝えることは「いたずらに人心を刺激」して士気喪失させる。それゆえ、一方では「空襲は必至」と宣伝するものの、予測される規模や頻度の重大さは隠匿し、「空襲は恐れるに足りない。都市から逃げるな。」と国民に宣伝した。消火活動が困難となるほどの大規模空襲を予測している事実は、徹底的に隠されたのである。

◆隠された「防火能力の不足」

警視庁消防部が作成した「空襲判断ニ基ク帝都消防力」（昭和一六年）と題する文書がある。（＊注）冒頭に「極秘」のスタンプ印が押され、爆撃機の編隊形式や焼夷弾投下を踏まえた被害予測が算定されている。「比較的公算多キ爆撃ニ対スル場合」として、東京市日本橋区（当時）のうち二〇万平方メートルが被弾した場合の状況を次のように予測している。

・警防団などによる初期防火力は全火災の四〇％相当のみ。その残余は官設消防が対処する。
・東京市全域の現有ポンプ車は二五〇台。しかし、火災から一五分以内に日本橋区内の火災場所に到着できるのは約二八台。
一ケ所二台とすると、一四か所の火災にしか対応できない。

・消火できないまま時間が経過し、猛威をふるう火災は合流して一大火流となり、焼失面積は約二九七万平方メートルに及び、日本橋区はほとんど火面に包まれ全滅に瀕する状態。

実際には四年後の東京大空襲で約四一〇万平方メートルが消失した。それと比べれば「控えめ」な予測だったことになるが、合流した火流による壊滅的被害などの予測は見事に的中している。消防の専門部署が提示したこの予測は、国民には一切知らされなかった。

この文書とともに編綴されている「軍ノ示唆スル帝都空襲ノ態様」には、防空対策として東京市全域に三六〇〇台のポンプ車が必要だと述べている。当時の現有車両二五〇台では足元にも及ばない。結局、物資窮乏のためポンプ車の新規製造は進まず、そのまま東京大空襲を迎えることになった。

（＊注）国立公文書館「内務省警保局文書」のうち「種村氏警察参考資料第一〇一集」所収。書類自体には作成時期が明記されていないが、記載内容から静岡市の大火災（一九四〇年一月）の翌年に作成されたことが分かる。

◆空襲は「想定外」だったのか

国は二つの事実を予測しながら隠していたことになる。第一に、空襲は大規模かつ頻繁に行われるという予測。第二に、強力な焼夷弾により重大な被害を受けるという予測である。中国の重慶に焼夷弾攻撃をしていた日本政府・軍部は、爆弾や焼夷弾による空襲の威力を熟知して利用できる立場にいた。そこから導かれるのは、「空襲の大規模火災を消火することは不可能である」、そして「被害を避けるには、都市から退去するしかない」という結論である。

日本政府にとって、東京大空襲に始まる大規模かつ頻繁な空襲は、決して「想定外」ではなかったのである。政府はこの「不都合な真実」を徹底的に隠した。また、この予測から「戦争を終結させる」という結論を導くこともなかった。それどころか、焼夷弾の威力を過小に描いて誤った対処法を流布し、およそ役に立たない防空訓練を実施し、実際に日本本土が空襲を受けるようになった後も焼夷弾の威力や空襲の被害状況を隠し続けた。誤った情報を流布する戦略は、終戦時まで継続されたのである。

これまでみてきた通り、『時局防空必携』初版（昭和一六年）にも、次のように徹底した情報操作がみられる。

「敵の兵力にも限りがあるから実際に空襲を受けるのは何処かの一部だけである。」（七頁）

「弾は滅多に目的物に当たらない。爆弾、焼夷弾に当たって死傷する者は極めて少ない。」、「焼夷弾も心掛けと準備次第で容易に火災とならずに消し止め得る」（八頁）

「空襲の被害はこの様に決して恐れるに足りない。空襲の被害が実害より大きくなるのは、むやみに怖れたり、油断をしたり、備えがなくて慌てて混乱するからである。特に焼夷弾を消し止めないと大火災となり被害が大きくなる」（九頁）

当時の国民にとって未知の焼夷弾。その威力は過小に描かれた。一方で「空襲は怖くない」と安心させて都市に残留させながら、他方では「焼夷弾を消し止めないと大火災になる」と恐怖心をあおって消火活動に従事させる。そこには矛盾がある。しかし一心不乱に「空襲への備え」と「防空の任務」に目を向けさせることによって、疑問を抱く余地を与えない。きわめて巧妙な宣伝手法である。

◆空襲の頻発化と被害拡大

一九四二年四月の本土初空襲から二年二ヶ月間は空襲がなかったが、ついに一九四四年六月から、九州北西部で空襲が頻発するようになった。空襲被害は、次のとおり順次拡大していった。

一九四二年四月一八日
本土初空襲（東京、横浜、名古屋、神戸、三重、和歌山）（ドーリットル空襲）
死者約九〇人
出撃拠点＝太平洋上の航空母艦
一九四四年六月一六日
北九州空襲（八幡・小倉・若松）
死者三四七人
出撃拠点＝中国四川省・成都の基地
※これ以後十一月まで断続的に、中国の基地から飛来する米軍機が福岡・長崎など九州北西部を空襲した
一九四四年一〇月一〇日
沖縄空襲（沖縄本島、久米島、宮古島、徳之島、奄美諸島など）
死者約七〇〇人
出撃拠点＝沖縄近海の航空母艦

これに続いて、いよいよ大規模かつ多数回の空襲を受けることになるのは確実であった。一九四四年七月にマリアナ諸島（サイパン島など）が陥落して現地日本軍は壊滅し、そこに米軍航空基地が建設された。東京までの距離は二二〇〇キロであり、国内主要都市が空襲の射程距離に入った。

マリアナ諸島から出撃した米軍機による初空襲は、一一月二四日。現在の東京都武蔵野市の中島飛行機工場など都内数か所が爆撃され、死者二二四人、負傷者五〇〇人以上、被災家屋三三一軒の重大な被害を生じた。国内最大級の航空機製造工場が壊滅し、軍需生産は重大な打撃を受けた。

ところが、この空襲を報じる大本営発表は、以下のように「我方の損害は軽微」とする簡略なものであった。

大本営発表　昭和一九年一一月二四日午後五時

本十一月二十四日十二時過ぎより約二時間に亘りマリアナ諸島より敵機七十機内外数梯団となり高高度を以て帝都付近に侵入せり。

我方の損害は軽微にして戦果中現在に確認せるもの撃墜三機なり。

（『朝日新聞』一九四四年一一月二五日付）

大本営発表は敵機七〇機のうち三機を撃墜したと述べている。しかし、アメリカ側資料（戦略爆撃調査団報告書）によれば、出撃した八八機のうち一機だけ撃墜され、逆に日本軍機七機を撃墜したと報告されている。

空襲の翌日の『朝日新聞』は、この大本営発表を一面トップに掲載し、「B二九帝都付近に侵入す　確認せる撃墜三機　我方、損害は軽微」という大見出しを掲げた。大本営発表の繰り返しである。その紙面には「強靭な敢闘精神　防空活動、今後も振起」という見出しで、大達茂雄内務大臣の談話が次のように紹介されている。

大達茂雄内務大臣　談話　昭和一九年一一月二四日午後六時発表

本日東京都下および関東地方その他の一部に敵機の襲来があったが、幸い制空部隊および防空諸機関の鉄壁の陣容と活発なる活動によって被害は極く軽微にしてこれを撃退した。しかし、かゝる事態は今後屡屡《しばしば》発生することを予想せねばならない。何時如何なる事態が発生するともあくまで強靭なる敢闘精神をもって挺身、皇土を護持するの覚悟を新たにすることが極めて肝腎である。

本日の状況をみると一般は極めて冷静沈着に旺盛なる敢闘精神をもって落下する焼夷弾を火災に至らしめずして消火したことは誠に感謝に耐えない。まだ極く若干の部面には相当その落着きを失った者もあったようであるが、今日以後は必ずかゝることなきを是非期せねばならない。如何なる事態に遭遇するともビクともせず即座に敢闘出来る心構えと準備をしておくことが必要である。

防空の重点は待避、防火そして勝ち抜く必勝敢闘精神でなければならぬことはいふまでもないことであって今後とも益々これらの諸活動を振起して如何なる空襲に遭遇するも完全皇土護持に当たらねばならぬ。

（『朝日新聞』一九四四年一一月二五日付）

大本営発表と同じく「被害は極く軽微」を繰り返し、焼夷弾は火災に至らず消火されたと述べて、国民に向けてさらなる果敢な消火活動を呼びかけている。消火のための一時待避はよいが、決して「焼夷弾は危険だから逃げろ、身を守れ」とは言わない。今後しばしば空襲が発生するという予測は述べているものの、大規模かつ甚大な被害予測には一切触れていない。

◆「流言」を飛ばしているのは誰か

同じく一一月二五日付の朝日新聞紙上には、この空襲での市民の消火活動が数多く紹介されている。この部分は大本営発表とは異なり新聞社の独自取材記事の形をとっているが、前述の報道措置要領に基づき、当局の検閲を受けたはずである。

「帝都民防空はかく戦へり　火と燃上る敵愾心　体験を生かして備へよ」

……警報が発令されても都民は少しも慌てず常在防空の心構へを見事に発揮し、日頃の防空訓練の成果を見せたが、敵は今回の本土空襲によって何程の成果を挙げ得たであろうか。〈中略〉

隣組防空陣は実によく闘った。現場をみて感ずるのは男手のほとんどない隣組で女子自らが実によく活動したといふことである。城南のある現場をみても、焼夷弾が町工場に落ちて火事となってもその付近の隣組で消火を忘れて自分の家財道具を持出した家などは一軒もなかつた。〈中略〉

某住宅密集地請負業工藤岩次さん（四〇）方に焼夷弾が落下したが隣組長島村正利さん（五二）の指揮で散弾下に挺身消火につとめ、工藤さん方を少し焼いたのみで二分で鎮火せしめたのをはじめ、同町八百屋下田熊蔵さん（五七）は竹箒と水で約三十キロの焼夷弾が自宅前山林中に落ちたのをいち早く叩き消した。……

（『朝日新聞』一九四四年一一月二五日付）

この空襲で二〇〇人以上の死者が出たことは完全に秘匿され、防空活動の美談と武勇伝が強調されているが、その信用性は極めて低い。読んだ者に「焼夷弾は簡単に消せる」と思い込ませることが目的であり、真実か否かは政府にとって重要ではない。

その翌月の紙面にも、このような武勇伝が掲載された。

「挺身　焼夷弾に挑む人々　目覚ましい救援活動」

……増田桑吉さんは妻たつさんと孫二人を壕に待避させて自分は注意怠りなく見張っていたが、自宅（平家木造）の屋根をつき破る大きな音がしたとみるまに屋内は一面火の海となった。六〇歳の増田さんはサッと布団を持って火の海に飛び込んだ。火を噴き出している箇所へ、手当たり次第に布団をかぶせて足で踏みつぶし、火勢のおとろへた焼夷弾はその根もとを掴んで屋外の用水桶に突込んだ。隣組の人たちが駆けつけてきた時にはすでに完全鎮火――

（『朝日新聞』一九四四年一二月一二日付）

まるでサーカスの火の輪くぐりを華麗にやってのけるような身のこなし。連日こうした記事を読み続けることによる刷り込み効果は小さくなかったであろう。現代の私たちが読めば、およそ信じがたい武勇伝であるが、当時の読者にはそれを見破る判断材料は与えられていない。

しかし、言論統制下とはいえ、七〇機もの敵機が焼夷弾を落としたという報道から、市民のなかにも政府発表や新聞記事を疑うむきがあって当然である。それを見越したように、新聞紙上には「流言に迷ふな」という記事も掲載された。

「流言に迷ふな　警視総監公示」
空襲下の二十四日午後、帝都治安の安全を期する警視庁では空襲下も都民が沈着果敢に防空活動と増産に挺身するよう警視総監から次のように公示し、警察署、派出所および町会事務所その他必要な場所に掲示して初の警察宣伝を行った。
その一　敵機帝都に侵入せるも被害僅少なり、都民各位は冷静沈着に防空と生産に挺身せられたし
その二　防空の備へを強化せよ　職場に頑張って生産を増強せよ　流言を飛ばすな、流言に迷ふな
（『朝日新聞』一九四四年一一月二五日付）

この公示は各町内に掲示された。空襲の惨状をみた者への「口止め」の効果は絶大であろう。被害僅少という政府発表以外には、事実を語ることも聞くことも許されないという重圧を感じさせる。しかし、「空襲で多くの死者が出たらしい」とか「空襲は恐ろしい」というのは流言やデマではなく真実である。流言を飛ばしていたのは政府である。

この三年前、一九四一年九月四日に、「流言蜚語防止対策」と題する次官会議決定が出された。「流言蜚語ノ防止ハ時局下戦時対策ノ一環トシテ愈々其ノ重要性ヲ加ヘ来タレルニ鑑ミ、之ガ未然防止竝ニ既発打破ヲ目途トシ之ニ対スル情報、宣伝、取締ニ関スル敏速ナル処置ヲ講ズル」として、流言蜚語に対しては「原因ノ究明、正確ナル宣伝ニ依ル打破、取締ノ強化」を実施する。その推進機関として「流言蜚語対策協議会」が設置され、その構成員は情報局、内務省、司法省、憲兵司令部、東京刑事地方裁判所検事局、警視庁の主任高等官という、そうそうたる顔

触れであった。いかに流言蜚語対策が重視されていたかが分かる。それにしても、自ら非科学的で事実に反する宣伝をしておきながら、「正確ナル宣伝ニ依ル打破」を掲げるところが、何とも皮肉めいている。

◆「防空の歌」——音楽で思想動員

国民に向けて歌を通じて防空思想を浸透させることも、啓発宣伝の重要な手法であった。
伊藤宏作詩・佐々木俊一作曲「防空の歌」。変イ長調、四分の二拍子。「行進曲風に」という指示がある。「内閣情報部選定、文部省検定済、大日本防空協会作製」のクレジットが付いている（『国民歌謡』六三号（日本放送協会、一九四〇年））。内閣情報部とは、前述の情報局の前身である。

防空の歌

一　朝だ真澄の　青空だ
光は呼ぶぞ　眉あげて
尊い国土の　防衛に
競ふ一億　鉄壁と
護る我等の　大空を

二　空に織りなす　光芒の
照空燈に　聴音機
一機の敵も　逃がすなと
邀へ蹴散らす　荒鷲や
闇に火を噴く　高射砲

三　大和心の　　意気燃えて
　　迫る敵機の　猛襲も
　　日ごろ鍛へた　訓練に
　　なんの爆弾　焼夷弾
　　往くぞ決死の　この覚悟

四　皇国の空を　ゆるぎなく
　　護り固めて　高らかに
　　日本晴れの　青空に
　　仰げ畏い　大稜威おおみいつ
　　アジヤの空に　陽が上る

この歌詞は朝日新聞社と大日本防空協会の主催で懸賞募集され、応募作一万六〇〇〇通から選ばれた。入選賞金は一〇〇〇円。一九四〇年四月二二日、日比谷公会堂で開催された発表会では、佐野光信陸軍中将が「皆さん、どうかこの愛国歌を愛唱して、一億一心、国土防衛の心意気を発揚してもらいたい」と挨拶し、聴衆三〇〇〇人が勇ましく斉唱したという（『朝日新聞』一九四〇年四月二三日付）。

やがて市民は、「迫る敵機の猛襲」のなか、「なんの爆弾　焼夷弾」とはいかないことを思い知らされることになる。

■二■　防空壕は、「床下を掘れ」——生き埋め被害拡大へ

◆「防空壕」への素朴な疑問

防空壕とは、空襲時に爆弾や焼夷弾の直撃や爆風を遮るために地面に穴を掘るなどして作られた待避施設である。戦中世代にとっては、空襲の記憶と切っても切れない。「子どもの頃、父親が掘ってくれた防空壕で遊んだ」という思い出や、「防空壕で家族が亡くなった」という痛苦の記憶と結びついている。

防空壕によって助かった命も少なくないであろう。しかし他方で、もっと丈夫で大型の公共型防空壕が多数あれば、犠牲は少なくて済んだのではないだろうか。都市からの退去を禁止するならば、せめて大人数を収容できる堅固な防空施設を政府の責任で建設できなかったのか。素朴な疑問が湧いてくる。

歴史をひも解くと、防空法制と不可分のものとして防空壕政策が存在した。ここでも政府は、虚偽の宣伝をして国民を危険に晒していた。

◆当初の方針は「堅固な防空壕」

政府の防空壕政策は、防空法改正（一九四一年）の前後で大きく変化した。

内務省計画局は一九三八年一〇月に小冊子『国民防空の栞』を発行した。表紙に「内務省主催国民防空展覧会要覧」と副題があり、各地の百貨店や公共施設などで開催された防空展覧会の展示案内を兼ねている。「空襲の実相（パノラマ）」や「破壊爆弾の作用（モンタージュ）」などビジュアルに富む展示品が紹介され、防空の必要性を訴える啓発目的が強くうかがえる。

「木造家屋の防弾（ヂオラマ）」や「防空壕（模型）」の項目も掲載され、各家庭で設置すべき防空壕について次のように解説している。

『国民防空の栞』（内務省計画局・昭和一三年一〇月）

木造家屋ノ防弾（ヂオラマ）

㈠　木造家屋ハ破壊爆弾ニ対シテハ全ク無抵抗デアルカラ空地ニ壕ヲ掘リ空襲時ニ備ヘル必要ガアル。

㈡　防空壕カラ室内ガ見易イ様ニ建具類ハ取除キ焼夷弾ノ落下ヲ直ニ発見シテ防火処置ヲトリ得ル様ニシナケレバナラナイ。（以下略）

防空壕（模型）

家庭用防空壕ノ一例

一、防空壕ハ庭又ハ空地ニ湿地ヲ避ケテ作ルコト

二、防空壕ノ各材ハ釘、鉄、鉄線、方杖等デ堅固ニトメルコト

三、防空壕ノ入口ハ屈曲シ置クカ或ハ防護塀ヲ設ケルコト、又防破片用木製扉及防毒幕ヲ取付ケレバ一層効果的トナル

四、防空壕ハ雨水ノ流入防止及排水ニ注意スルコト

五、防空壕ニ防毒設備ナキトキハ防毒面ヲ所持シテハイルコト

※防毒面＝防毒マスクのこと

ここでは、日本に多く存在する脆弱な木造家屋を意識して、堅固な防空壕を「庭または空き地」に作るよう指導している。これが、戦前に内務省が採っていた防空壕政策であった。次に示す「防空壕構築指導要領」も同様の方針を採っている。

◆防空法改正前の「防空壕構築指導要領」

防空壕の設置方針については、①「公共の大型防空壕」と「各戸の小型防空壕」のいずれを原則とするか、②どのような構造の防空壕を設置するか、が問題となる。

このうち、①大型か小型かについては、当初から各家庭での小型施設の設置が原則とされた。「退去、避難及待避指導要領」（内務省計画局・昭和一五年一二月三日）は、「待避施設ハ各戸ニ之ヲ設クルコトヲ原則トスルコト」と定めている。そして「待避ハ一時的ニ行フモノニシテ、危険去リタルトキ又ハ焼夷弾ノ落下等アリタルトキハ、直ニ出動シテ自衛防空ニ任ズルコト」を指導方針とした。自宅は自力で守るべき「持ち場」であるため、待避しても、被弾したら直ちに飛び出して消火せよというのである。

②防空壕の構造については、「防空壕構築指導要領」（内務省計画局・同年一二月二四日）が、次のように堅固な構造とするよう定めていた。

「防空壕構築指導要領」（内務省計画局・昭和一五年一二月二四日）

第一　総則

一、防空壕ハ投下弾ノ破裂ニ基ク弾片、破片、爆風等ニ因ル危害更ニデキレバ毒瓦斯ニ因ル危害ヲ防止スルコトニ留意シテ構築スルコト

二、防空壕ハ応急的待避施設ナルモ防護活動ニ便ナル如ク其ノ位置、規模、構造等ヲ決定スルコト

三、防空壕ハ成ルベク各戸ニ其ノ敷地内空地ニ設クルヲ原則トスルコト、但シ敷地ノ状況ニ依リテハ近隣共同シテ設クルモ妨ゲナキコト

敷地内空地ニ防空壕ヲ構築シ得ザルトキハ管理者ノ承認ヲ受ケ公共用地其ノ他ニ之ヲ設クルヲ得ルコト（以下略）

第二　位置
一、防火、其ノ他ノ積極的防護活動ニ便ナルト共ニ家屋ノ崩壊、火災等ノ場合速ニ安全地帯ニ脱出シ得ル位置ニ設クルコト（以下略）

ここでは、防空壕は「空地」に設置するのが原則とされ、家屋崩壊や火災によって脱出できなくなる場所への設置は認められていなかった。

さらに詳細な構築方法の規定が続く。地下式防空壕に天井（掩蓋）を設けたうえで五〇センチ程度の盛り土をすること、地質が弱い場合は丸太か角材を使用して土留壁を設けること、出入口はなるべく二か所を設けること、爆弾破片や爆風への対策として出入口の通路を屈曲させるか防護塀を設けること、など詳細な指示事項が並んでいる。

このように、防空法改正前の一九四〇年までは、堅固な防空壕の設置方法を詳細に指導する方針が採られていた。ところが、その後は方針が徐々に変更されていく。

◆帝国議会で「慌てて造らなくてよい」

翌一九四一年一〇月、「家庭用の防空壕は必要ある場合は当局から造り方とか方式を指示するから勝手に造らないよう」とする防空指針（国民防空訓）が発表された。帝国議会での防空法改正審議のなかでも、内務省書記官の西廣忠雄は立派な防空壕を設置しなくてよいとして次のように答弁している。

……（防空壕を）全部ノ家庭ニ急ニ造ルト云フコトニナリマスト、色々資材モ必要デアリマシテ、特ニ今日一般デ考ヘテ居リマスノハ比較的立派ナモノヲ造ラウト云フヤウナ傾向ガアルノデアリマス。サウスレバ是ハ莫大ナ資材ガ必要ナノデアリマシテ、実際問題トシテハ其ノ資材ハ得ラレナイト云フコトニナリマシテ、寧ロ不安ヲ招クノデハナイカ……（中略）……寧ロ此ノ際、慌テテ造ルコトハ命ジマセヌデ、愈々必要ナ場合ニ適当ナ指導ノモトニ之ヲ造ラシテ行クト云フコトニ致シタイト考ヘテ居リマス。大キナ防空壕ニナリマスト特ニ是ハ非常ナ資材ガ掛リマシテ、今日ノ時局ニ於キマシテハ到底之ヲ賄ッテ行クコトガ困難ノヤウナ状況ニアリマス

（貴族院防空法中改正法律案特別委員会・一九四一年一一月一八日）

物資窮乏の折、「立派ナモノ（防空壕）」を造るために「莫大ナ資材」を投じることができない現状があった。十分な防空壕を造れないことにより「不安ヲ招ク」、つまり人心動揺や狼狽を招くことが危惧された。そこで、堅固な防空壕の設置を推奨する従来方針は変更されることになる。

この直後の防空法改正、日米開戦、さらに翌年四月一八日の本土初空襲という流れを受けて、内務省は防空壕についての指導方針を全面的に変更していく。

◆「簡素に、床下に設置」への方針転換

一九四二年七月三日、内務省防空局は「防空待避施設指導要領」を発した。本土初空襲を受けた三ヶ月後のことである。先にみた「防空壕構築指導要領」と読み比べると、一年半の間に方針が大きく変更されたことが分かる。国民を守るための施策ではなく、迅速な消火活動のための施策へとシフトしたことが分かる。

「防空待避施設指導要領」（内務省防空局・昭和一七年七月三日）

第一　総則

一、本指導要領ニ於ケル待避施設トハ投下弾ノ破裂ニ基ク弾片及爆風竝ニ之ニ基因スル落下物、破片等ニ因ル危害ヨリ人

命ヲ防護スル為建物ノ内又ハ外ニ設クル応急的施設ヲ謂フ
二、待避施設ノ位置及構造ハ前号ノ目的ヲ達シ得ルト共ニ爆撃ヲ受ケタル際待避者ガ迅速ニ出動シテ自衛防空活動ニ従事シ得ルコトヲ目的トスルコト
三、損害ヲ局限スル為成ルベク規模ヲ小ナラシメ且分散シテ配置スルコト
四、待避施設ノ構築ニ当リテハ形式ニ拘泥セズ適当ナル既存施設・手持材料等ノ利用ニ努ムルコト
五、利用シ得ル適当ナル既存施設ナキ場合ニ於ケル待避施設ハ成ルベク低キ位置ニ設ケ掩体トシテ土ノ利用ヲ図ルヲ可トスルコト
六、待避ハ長時間ニ亘ルモノニ非ザルコトニ留意シ待避施設ノ規模、設備等ハ成ルベク簡易ニシテ構築容易ナルモノトシ資材及労力ノ節約ヲ図ルコト

第二　一般木造建築物ノ場合（住宅、店舗等）
一　位置
イ　各戸毎ニ設クルヲ原則トスルコト
ロ　自家ニ落下スル焼夷弾ノ監視竝ニ応急防火ノ為メノ速ナル出動ニ便ナル位置ヲ選ブコト
ハ　雨水ノ流入、夜間又ハ厳寒時ノ使用、応急防火ノ見地ヨリ、概ネ屋内地下ニ設クルヲ可トスルコト〈中略〉
二　規模
イ　面積ハ概ネ待避者四人ニ付半坪（畳一枚）程度ト為スコト〈中略〉
三　構築要領
イ　周壁
(1)地下ニ設クル場合
1　地質強固ナル場合ハ適当ナル勾配ヲ付シタル素掘ノ儘《ママ》ニテ可ナルモ床下等ニ設クル場合ハ建物ノ基礎カラ三〇糎《センチ》以上離スコト〈以下略〉

このように待避施設の設置目的は「迅速な出動と消火」であると明記された。設置場所については、二年前の構築要領のように「安全に脱出できる位置」とは書かれず、「自家に落下する焼夷弾の監視」と「防火のための出動」に便利な場所、具体的には「屋内地下」としている。床下への設置は「素掘リノ儘ニテ可」と記載されている。なお、建物の基礎から三〇センチ以上離す理由は、建物強度を維持するためである（「防空待避所の作り方」『週報』三〇四号〔一九四二年八月五日〕二〇頁）。

さらに「形式ニ拘泥セズ」、「簡易ニシテ構築容易ナルモノ」の設置を求めている点でも、二年前の構築要領とは大きく違う。具体的な設置例としては、自宅内の床下・床上に設置する簡易な待避施設のみ三例が図面で示されている。もし屋外に設置するなら二年前の構築要領を参照せよという不親切な案内となっており、あくまで屋内への設置を原則としていることが分かる。

◆人心動揺、逃避的気運を醸成させるな

待避所（防空壕）を作るよう指示することは、空襲への恐怖心を呼び起こす。そこで、この新しい「指導要領」と同日に内務次官が発した通牒「空襲時ノ待避施設ニ関スル件」は、待避所の設置を指導することによる人心動揺を招かないことを求めている。また、「防空壕」ではなく「待避所」と呼ぶことも定めた。「退避」ではなく消火活動に飛び出すための一時的な「待避」の場所であることが明確になった。

内務次官通牒「空襲時ノ待避施設ニ関スル件」（内務省発防第五五号〔昭和一七年七月三日〕）

三、防空待避施設ノ設置ニ付テハ特ニ左ノ事項ニ留意スルコト

㈠防空待避施設ノ整備ヲ慫慂スルニ当リテハ一般ニ対シ左ノ趣旨ヲ充分徹底セシメ、人心ノ不安動揺ヲ来サザル様努ムル

コト

(イ)今般防空待避施設ヲ設ケシムルコトト為リタルハ情勢ニ特別ノ変化アリタルガ為ニ在ラズシテ一層自衛防空ノ成果ヲ昂揚セシメンガ為ノ措置ナルコト

(ロ)都市退去等ノ消極的逃避的ナル気運ヲ絶対ニ醸成セシメズ此ノ際益々積極的防空精神ヲ強化スルコト〈中略〉

(三)防空待避施設ハ努メテ既存ノ施設又ハ手持ノ資材等ヲ活用シ何人ニテモ簡易ニ之ヲ設置シ得ルト共ニ日常ノ生活又ハ業務ニ大ナル支障ヲ来サザルコトヲ主眼トシテ其ノ設置方法ヲ指導スルコト〈中略〉

(五)防空待避施設ノ一般的呼称ハ「防空待避所」又ハ「待避所」トスルコト

強固で大がかりな防空壕の設置を指示することは、「そんな防空壕を作れる資材も資金もない」、「そんなに空襲が迫っているのか」、など種々の反応を呼び起こす。不安に駆られた市民が退去し始めては元も子もない。そこで通牒は「都市退去等ノ消極的逃避的ナル気運」を戒め、空襲の切迫などの情勢変化はないと周知徹底し、気軽に簡易な待避所を作ればよいとする指導方策をとった。

◆六日後に、手書きの通牒で再強調

「防空待避施設指導要領」は、簡易な待避施設の設置を指示していた。それでも、軟弱な地質の場合には角材や丸太で土留壁を作れとか、空地に設置する場合は二年前の「指導要綱」どおりに構築せよという具合に、工法を詳細に指示する部分もあった。国民からすれば、やはり「待避施設を作るのは手間がかかる」、「大がかりな施設が必要なのか」と感じられる余地があった。

そこで内務省防空局は、わずか六日後に軌道修正をした。再び通牒を発して、「待避施設は簡素でよい」と強調したのである。内容は以下のとおりである。

通牒　待避所ノ設置ニ関スル件（内務省防空局・防第二五三号（昭和一七年七月九日））
待避所ノ設置ニ関シテハ七月三日付内務省発防第五五号ヲ以テ通牒相成候処、右ハ国民生活ニ関係スル所極メテ多キト共ニ人心ニ及ボス影響少ナカラザルモノアルヲ以テ之ガ実施ニ当リテハ前記通牒ニ依ルト共ニ特ニ右記各号ニ留意シ円滑裡ニ進捗ヲ図ル様格段ノ配慮相成度為念《アイナリタクネンノタメ》

記

一、待避所ノ構造ハ人命ノ防護ヲ達成シ得ル限度ニ於テ特ニ簡易ナルコトヲ旨トスルコトトシ、何人ト雖モ容易ニ構築シ得ル如ク指導スルコト
之ガ為ニハ新タニ「セメント」、木材等ヲ使用セシムルコトヲ避ケ、既存ノ施設又ハ手持チノ資材等ヲ活用セシムルコト。尚、「防空待避施設指導要領」ニ添付シタル待避所例示図ハ一応ノ基準ヲ示シタルニ過ギザルヲ以テ、一般ニ慫慂スルニ当リテハ別ニ示ス平易ナル解説書ヲ活用スルコトトシ、待避所ノ設置ガ著シク困難ナルガ如キ印象ヲ抱カレザル様注意スルコト
二、待避所ノ設置ハ強制ニ渉ルコトヲ絶対ニ避クルコトトシ、市民ニ其ノ安全性ヲ納得セシメ自発的ニ設置セシムル様指導スルコト
三、（略）
四、待避ノ必要性ヲ強調スル余リ逃避的観念ヲ生ゼシメザル様、厳ニ留意シ、焼夷弾落下ノ場合ハ直ニ出動シテ自衛防空ニ任ズルノ精神ヲ昂揚セシメ、且之ガ訓練ヲ為スコト
五、（略）
六、本件ハ対外的ニ無用ノ刺激ヲ生ズルコトヲ避クル為、中央ノ発表以外ハ一切新聞及雑誌ノ記事トシテハ取扱ハシメザル方針ナルヲ以テ趣旨ノ徹底ハ隣保常会等ヲ通ジテ之ヲ行フ

六日前に発した防空待避施設指導要領は「一応の基準」にすぎないと述べ、一般指導にあたっては指導要領では

なく「平易なる解説書」を活用せよと述べている。七月三日の通牒は活字組みであるのに対し、七月九日の通牒は慌てて作成したかのような手書き文字である。政府部内から「構築指導要領では待避所の設置が難しそうに感じられる」などの意見が出たことに対応したのだろうか。

この通牒には、市民に安全性を納得させて自発的に待避所を作らせよ、というくだりがある。「こんな簡易な施設で大丈夫か」という不安の声も出たのであろう。虚構の「安全性」を国民に振りまき、「国民が自発的に自費で作ったもの」として自己責任を負わせる。資材や費用の援助もなく、空襲時に待避所で死亡しても政府は責任を負わない。徹底した自己責任である。

こうした政府方針に基づき、簡易で安全性の低い待避施設が全国で設置されていった。

◆「床下の方が安全」

前述の通牒で予告されていたとおり、翌月（一九四二年八月）には市民向けの「平易なる解説書」として、『防空待避所の作り方』（内務省防空局編）が発行された。そこには以下の記載がある。

『防空待避所の作り方』（内務省防空局・昭和一七年八月）

〔待避所の設置目的について〕

速かに手近の適当な場所に待避して一時危険を避け、自分の家や職場に、爆弾や焼夷弾が落ちたその時にこそ、直ぐにと、び出して行って防護活動を始めるやうにしなければなりません。

即ち待避は決して単に逃げ隠れすることではなく、積極的に防護活動をするため、一時無駄な危害を避けて待機することです。

〔待避所の設置場所について〕
家の外に作るか、家の中に作るか、二つの場合が考へられますが、一般には家の中に作った方が、雨水の流入の虞れがなく、夜間や厳寒時の使用を考えてみても一層便利であると思ひます。なほまた外にいるよりも家の中にいる方が、自家に落下する焼夷弾がよく分かり、応急防火のための出勤も容易であると考へます。
〔待避所の設置方法について〕
床上よりは位置の低い床下の方が安全です。そして土は立派な掩護物ですから、床下に穴を掘って畳や床板を外せば、すぐ待避所に使へるようにするのが、最も手近な方法の一つです。
体を伏せているのならば、穴の深さも僅かで済みます。
附近に爆弾が落ち、その衝動でいろいろの物が落下して来るとしても、床が自然の掩蓋《えんがい》となって支えてくれますから誠に便利です。

（『週報』三〇四号〔一九四二年八月五日〕一九～二四頁）

床下に穴さえ掘れば周囲の土や床板に守られて安全というが、爆弾や焼夷弾の威力は、一枚の床板で遮ることはできない。二年前の「指導要領」とは異なり通風換気も考慮されていないので、頭上の建物が延焼すると直ちに酸素不足になり窒息死してしまう。

家の中にいる方が焼夷弾落下がよく分かり便利という記述には、驚き呆れるしかない。頭上に焼夷弾が投下された瞬間に、家屋全体に油脂や燃焼剤が飛び散って燃焼し、あるいは屋根が崩れ落ちてくる。悠長に「落下する焼夷弾がよく分かる」という頃には猛火に包まれている。

その他、この「防空待避所の作り方」は、弾片（爆弾の破片）の貫通を防ぐには土を八〇センチ盛り上げるか、布団なら一〇〇センチ、書籍や紙を詰めたものなら四〇センチの厚さを積み上げれば防げると記載している。ご丁寧

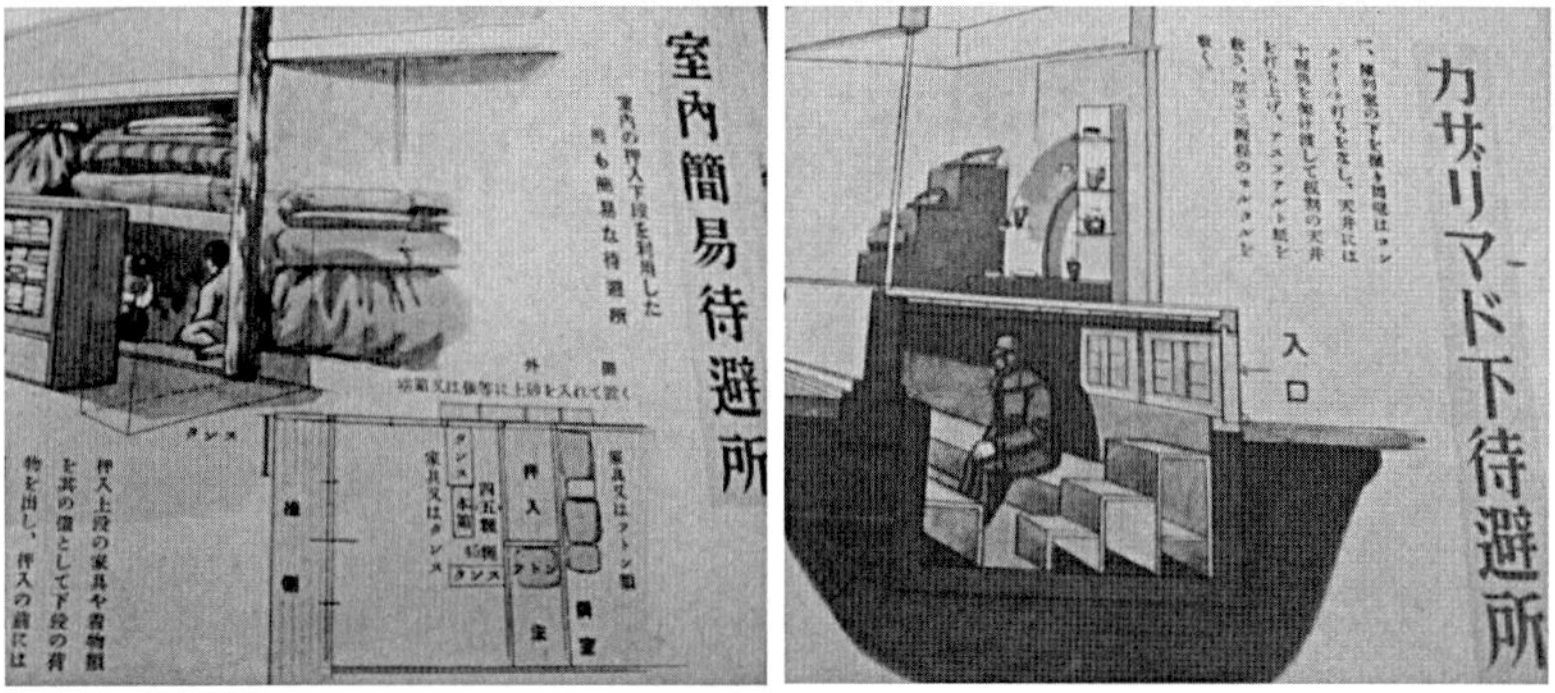

写真24・25　『内務省推薦・防空絵とき』から、押入れを待避所とする例（左）、床下に待避所を設ける例（右）。

にも「厚さは、これよりも多少薄くてもそれ相当の効果があります」とまで言い切る。精神主義の強調は、ついに紙で爆弾から身を守るところまで行きついた。

◆「すぐに待避所から飛び出せ」

いつまでも防空壕（待避所）に逃げ込んだままでは、消火活動ができない。そこで、「すぐに待避所から飛び出せ」という指導宣伝が繰り返された。

『週報』四〇一・四〇二合併号（一九四四年七月五日）には、本土初空襲から二年二ヶ月ぶりに受けた北九州空襲直後の緊迫感がにじむ。その記事「北九州地区・空襲戦訓」には、「空襲が長きにわたる時には、特に戦意を昂揚し、一大勇猛心を揮ひ起して、いやしくも高射砲の炸裂音には恐れず、敵機が去ったならば、次の敵機が来るまでの間、たとへ二分間でも三分間でもよい、直ちに壕を飛び出して、防火に消火に、人命の救助に、最大の努力をしなければならない」と記されている。

四ヶ月後の『週報』第四二〇号（一一月八日）の特集記事「必至空襲の構へ」は、「待避に気を取られて大事な防火、消火のことを忘れるやうなことがあってはならない」、「待避所には〈中略〉素早く入ることはもとより必要であるが、勇敢に飛び出すことも同様に大切なのである」という。

その三週間後、都心部への初空襲を報じる『朝日新聞』の記事は、死者二〇〇人の犠牲には一言も触れず、「積め、壕から飛出す訓練」という見出しに続けて「内務省の指導方針は待避、防火、敢闘精神といふことになっている。待避が生命だ。しかし逆説的ないい方かもしれぬが、待避壕に入れという訓練より、待避壕から出ろといふ訓練が重要ともいへる」という内務省防空総本部・宮路事務官の言葉を紹介している（一一月二六日）。

即時に飛び出して消火活動をできる待避所。より正確にいえば、建物が崩壊すると危険なので即時に飛び出さざるを得ない待避所。それを作らせることによって、国民を否応なしに危険な消火活動に駆り立てたのである。

同じ一九四四年一一月には、本土決戦と空襲激化にそなえて皇居と大本営を長野県松代町（現在の長野市松代地区）に建設する工事が開始された。天皇や軍幹部の安全確保のために、総延長一〇キロメートルもの巨大で堅固な地下壕が掘りめぐらされた（終戦時に進捗率七五％で工事終了）。安全な防空壕で身を守ることもできなかった国民とは、あまりに待遇が違いすぎる。

◆帝国議会で指摘された「人命救助対策の欠如」

各家庭の床下に待避所を設置せよという指示には、貴い人命を守ろうとする視点はない。しかも、待避所設置の資金や資材については一切援助せず、市民が自発的に設置せよという方針をとった。そのため待避所の設置は順調には進まない。こうした防空壕政策に対しては帝国議会で異論が出された。

漢那憲和衆議院議員は、家庭用防空壕について次のように述べた。

> 有効ナモノヲ造リ得ル者ハサウ沢山ナイト思フノデアリマス。サウシテ其ノ有効ナラザルモノヲ造ルト、却ッテ危険ヲ増ヤスヤウナコトニナルノデハナイカト思フノデアリマス……日本ノヤウナ木造ノ家屋ニ於テハ、防空壕ハ寧ロ造ラナイ方ガ宜イ
>
> （衆議院防空法中改正法律案委員会・一九四一年一一月一九日）

当時六四歳、元海軍少将である漢那憲和議員は、第一次大戦下の欧州を一年近くにわたり視察した経験がある。そこでの見聞に裏打ちされた発言であろう。木造家屋の床下に危険な防空壕を造るよりは、大型で堅固な公共防空壕を造るべきだという見識が示されている。

これに対して答弁に立った内務省防空局の藤岡局長は、「簡単ナ防空壕ハ直グ何時デモ造レルノデアリマスカラ、慌テテ変梃《ヘンテコ》ナモノヲ造ラナイ方ガ宜イ……」と話をはぐらかした。漢那議員の警告が活かされることはなかった。

その二年後の防空法改正審議において、最上政三衆議院議員が次のように質問した。

> ドイツ、イタリアノ防空ハ、人命救助ヲ第一義トシ、物的損害防護ヲ第二次的方針トシテ執ラレテ居ルヤウデアリマス、然ルニ我ガ国ノ防空施設ヲ見ルト、ドウモスルト物的防護ニ主力ヲ注イデ居ルヤウナ感ヲ致スノデアリマス
> 今回ノ法律案等ヲ見テモ、ドウモ是等ノ人畜防護ニ付テ対策ハナイラシク思フ
> （衆議院防空法中改正法律案委員会・一九四三年一〇月二八日）

最上議員は、ベルリンやローマでは直撃弾を避けるための耐弾防護室が数千か所に設置されていることを紹介し、それに比べて我が国では昨年ようやく「素掘ノ防空壕」が各所にできてきたばかりであり、公共用防空壕の整備が進んでいないと指摘した。ところが、これに対する上田誠一防空局長の答弁は、「イザト謂フ場合遺憾ナキヲ期シツツアル訳デアリマス」などという官僚的答弁に終始した。

国のために命を捨てよという戦争体制下で、人命救助の観点が重要だとして政府方針を批判した国会議員が存在したことは、もっと知られてよい歴史的事実であろう。

◆「建物下の地下室は危険」——スペイン内戦の教訓

内務省は、第一次世界大戦以降の海外の防空施設について詳しく調査研究をしていた。それを自国民の安全確保の教訓にしなかった罪は深い。

第一次大戦以降、西欧諸国では、既存建物の地下室や素掘りの防空壕では空襲に対処できないことが認識され、地中を掘り下げる公共避難所の新規建設を進めた。たとえば、スペイン内戦下のバルセロナ空襲（一九三八年三月）では、公共避難所によって多くの人命が救われた。その状況を調査した英国人技師の報告書「バルセロナに於ける空襲に依る被害と防空施設」は、和訳されて内務省計画局により刊行された。そこには次のように記載されている。

> 最初地下室は避難所として推奨されていたが、数々の破壊爆弾によって当初の考えが如何に無根拠であったかが立証された。地下室は簡単に崩壊物で埋められ多数の避難者が埋没され、〈中略〉間もなく地下室は避難所として認められなくなった（二二頁）。
>
> バルセロナは二五〇万人の人口を持つ大都市であるが、五〇万人を収容する耐弾避難所と二〇〇万人を収容する耐爆風避難所が設備されていた。〈中略〉避難所には何れも数ヶ所に入口があつて、〈中略〉崩壊物によって入口が塞がれた場合等に避難者が脱出する道が講ぜられている（二四頁）。
>
> 地下鉄の停留所も避難所として使用され、〈中略〉軌道まで使用された（二七頁）。

報告書には、公共避難所の強度や建築方法なども詳細に書かれている。建物の地下室ではなく、空地や広場の地中深くに設置された各種の公共避難所の図面が掲載され、これらの多くは地表の爆弾投下にも持ちこたえたという。

この報告書の表紙裏には、和訳の担当者が、「都市の構成、建築の構造及び様式については吾国と趣を異にしているが、参考となるべき点も少なくない様に思はれる」と記している。しかし、この報告が日本における空襲対策の参考とされた形跡はない。

◆東京大空襲の二日前——「簡易な待避所で結構」

東京大空襲の二日前、三月八日の新聞には、防空総本部の小幡指導課長からの談話取材記事が掲載された。

> 「待避所を再検討　居心地よくせよ　安全度も今ので結構」
> 　待避所の整備強化といふことがいはれるが、現在では資材の関係、その他の事情からみて安全度を高めるといふことは不可能である。〈中略〉罹災地を回って見ても、爆弾の落下点から四、五メートル離れた待避所で立派に助かっているのだ。しかもこの待避所は決して所謂完全なものではなく普通一般のあれである。
> 　直撃弾を受けても大丈夫といふ防空壕の建設が困難である以上、安全度といふ点から見たら現在の普通一般家庭の待避所で結構ではないかと私は考へる。待避所の整備といっても、この点を考へたなら安全度を高めるといふより気軽に入れる待避所にしなければならないと考へる
> （『朝日新聞』一九四五年三月八日付）

空襲激化により、この頃までに「防空壕の整備強化が必要」という意見が出たことがうかがえる。それを斥けるように、安全性を高めることは「不可能」と断言し、完全なものではなく「普通一般のあれ」で十分だと言う。この二日後の東京大空襲では、家屋の床下の待避所で焼死・窒息死・圧死する犠牲者が多数生じた。

◆危険性を知りながら、なぜ政策転換したか

前にみたように、政府は一九四一年までは堅固な防空壕の設置を推奨していた。床下に穴を掘るだけの「待避所」

では危険であることは十分に知っていたのである。なぜ方針を変更したのか。それには三つの理由が考えられる。

第一に、堅固な防空壕の必要性を強調すると、空襲の危険性を印象づけて恐怖心を醸成してしまい、戦意喪失や都市退去を招いてしまう。

第二に、空襲時に長時間滞在できる防空壕を作ると、外で消火活動をする者が減る。

第三に、防空壕の設置には公的援助がなく、資材や労力に限界があるので床下を掘り下げるくらいしかできないのが現実であった。

要するに、退去禁止や応急消火義務を貫徹する必要性と、経済的・技術的な限界にもとづいてとられた方針である。何よりも人命が大切であるという観点はない。

◆地下鉄駅への避難は認められたのか

当時すでに東京と大阪で開通していた地下鉄の施設は、防空避難場所として活用されたのだろうか。

一九四五年一月時点で、東京では浅草―新橋―渋谷間（現在の銀座線）、大阪では梅田―天王寺間（御堂筋線）が開通していた。鋼材を用いたトンネルや地下道などからなる堅固な構造であり、空襲時の避難が認められれば多数の市民を救うことができるはずである。現に、東京と大阪の地下駅施設内では空襲による死傷者が発生しなかった。

ところが政府は、安全なはずの地下鉄駅への避難を禁止した。

防空法改正審議を報じる『朝日新聞』（一九四一年一一月一八日付・大阪版）は、一面に、「〝空襲下における地下鉄避難行はず〟貴院防空委員会で当局言明」という見出しの記事を掲載し、一般避難者が避難のために地下鉄を用いることは認めないという内務省防空局の藤岡局長の発言を伝えている。第一面に目立つ見出しで紹介されていることから、当時の市民にとって関心事であったことがうかがえる。藤岡防空局長は次のように議会で述べている。

……空襲ガアッテ生キルカ死ヌカト云フ巌頭ニ立ッタ場合ニハドンナ騒ギガ起ルカト思フト心ヲ寒クスル次第デアリマス。地下鉄ヲ防空壕ノ効用トシテ期待スルト云フ世間ノ希望モアルヤウデハアリマス。……（中略）……地下鉄ハ、アソコニ市民ガ皆逃込ム場所ヲ造ルノダト云フ意味デ防空ニ対シテ居ルノデハアリマセヌ。アレハ空襲下ニ交通ヲ確保スルト云フ点ニ大キナ重点ガアリマシテ……（中略）……ア、云フ風ナモノハ決シテ一般市民ノ避難ノ場所ニ使フト云フヤウナ考ヘデ計画ヲ立テテ居ルノデハゴザイマセヌ、御諒承願ヒマス

（貴族院・防空法中改正法律案特別委員会・一九四一年一一月一七日）

藤岡局長は、「生キルカ死ヌカト云フ巌頭」という言葉まで持ち出して空襲下の混乱の凄まじさを予想した。「巌頭」とは切り立った岩の上であり、切迫した状況を含意する。そうした場面でも地下鉄駅への避難は一切認めないと答弁して、「世間ノ希望」を斥けた。

これに対して質問に立った河瀬眞貴族院議員（元海軍少将）は、「……此ノ前ノ交通営団ノ時ノ御話ハサウデナカッタヤウニ私ハ記憶シテ居ルノデゴザイマス。要スルニアレハ一種ノ防空壕デアルト云フ風ニ御説明ガアッタヤウニ記憶シテ居リマス……（中略）……サウイウ意味ヂャナイト云フ何デアレバ更ニ取調ベテ見タイト思ッテ居リマス……」と述べており納得できない様子である。

◆鉄道大臣「ある程度は防空壕の作用も」

河瀬議員が、「此ノ前ノ交通営団ノ時ノ御話」は違っていたと述べたのは、その九ヶ月前、一九四一年二月に開かれた貴族院での審議を指している。地下鉄経営会社を買収して営団地下鉄を設立する法案の趣旨説明に立った小川郷太郎鉄道大臣は、交通量の増加などの実情を述べたうえで、空襲に備えた地下鉄整備の必要性を次のように述べていた。

地下鉄道ハ空襲下ニ於ケル唯一ノ交通機関トシテ、必要欠クベカラザル施設デアリマスカラ、帝都ニ於ケル地下鉄道ヲ整備拡充シマスコトハ、平戦両時ノ交通上竝《ナラビニ》防空上焦眉ノ急務デアルト信ズルノデアリマス

（貴族院・帝都高速度交通営団法案特別委員会・一九四一年二月一三日）

つまりこの時点では、地下鉄を防空の観点から重視していると答弁していたのである。同様に、二日後の同委員会に政府委員として出席した鉄道省監督局長の大山秀雄も、各国の地下鉄が防空を考慮して建設されていることを紹介した。一例としてロンドン地下鉄については次のように述べていた。

『ロンドン』ガ今一番空襲ノ経験ガ多イヨウデアリマスガ、〈中略〉輸送機関トシテノ地下鉄道ハ空襲ニ対シマシテ、安全性ヲ示シテ居ル、其ノ交通機関トシテノ使命ヲ果シテ居ルト云フコトデアリマス。〈中略〉又、防空壕其ノ他ノ関係デ、ドウ云フ風ニヤッテ居ルカト申シマスト、一部、時ト場所ニ依リマシテ防空壕ノ代用ヲ為シテ居ルヤウデアリマス。例ヘバ『トッテナムコートロード』ト『オールドイッチ』ノ間ハ運転休止ヲ致シマシテ、之ニ避難民ヲ収容シテ居ルトイウ事実モアルノデアリマス

（前掲）

第一次世界大戦でドイツ軍による空襲を受けた際に、地下鉄の運行を一部停止して地下施設を避難場所に使用した事実が具体的に報告されたのである。そこで居並ぶ議員からは、日本でも同様にすべきという質問が相次いだ（複線のうち片方の線路を避難場所にすれば全部運休にしなくてもよいという質問もあった）。ところが大山局長は、鉄道省としては地下鉄を公式に防空壕代替施設と位置付けることはできず、避難民を収容することは「交通機関トシテノ機能ヲ害スル」と断りを述べている。つまり、ロンドンと同じようにはしないというのである。

もっとも、この後に答弁に立った小川郷太郎鉄道大臣は、建前として地下鉄は交通機関であるとして大山局長と

同様の見解を述べつつも、他方で、地下鉄施設が防空壕として一定の役割をもつことを否定せず、次のように述べている。

悉ク東京市民ガ〔地下鉄施設を〕防空壕トシテ避難シテ行クノダト云フノヂャナイ、其ノ建前ハモット他ニ考ヘナケレバナラヌコトデアル、併《シカ》シ或程度ニ於テ防空壕ノ作用ヲ一部為シ得ルコトモアルト云フコトハ政府委員カラ申述ベタノデアリマス　（前掲）

大山局長の官僚的な答弁とは異なり、小川大臣は世間の声に配慮した政治家的な答弁をしたということかも知れない。ロンドン地下鉄が空襲時に避難民を収容し、その安全性が確認されていた事実は、日本国民にある種の期待を与えたはずである。それゆえ、このような質疑がなされたのであろう。

しかし、その後の帝国議会審議を通じて、小川大臣のいう「建前」だけが貫徹されることが明確化され、多くの都市住民の期待に反して「地下鉄への避難は一切認めない」という方針が確立されることになった。だからこそ河瀬議員は、この前の話と違うと指摘したのである。河瀬議員は、かつて海軍燃料廠の研究部長として八年間在職した研究者肌の人物であり、空襲の危険性についても見識があったのであろう。それだけに、官僚的答弁に失望した様子もうかがえる。

結局、空襲下における唯一の交通機関を整備するという名目で「帝都高速度交通営団法」は一九四一年二月に制定された。しかし、地下鉄あるいはその施設が空襲被害軽減や被災者救援に役立った事実は見当たらない。空襲時には一般市民の乗車は禁止されたのである。

内務省・軍需省など五省が策定した「中央防空計画」にも、以下の条文がある。

「中央防空計画」（昭和一九年七月）
第一二七条　地下鉄道ノ施設ハ之ヲ待避又ハ避難ノ場所トシテ使用セシメザルモノトス

この方針に沿って、空襲時には地下鉄や地下道の入口は閉鎖された。空襲が始まると、駅ホームや車内にいた乗客は地上へ追い出され、火の海をさまようことになった。

ロンドンやバルセロナなど西欧の諸都市では、地下鉄の駅や通路が大規模な公衆避難場所として開放され、多数の市民が逃げ込んで命が救われた。これと比べると、日本政府の施策はあまりにも冷酷である。

◆活かされなかった教訓——「火災には待避所は何の役にも立たない」

本格的空襲より前に、民家の待避所で痛ましい事故が起きていた。

一九四三年一月一八日の午後七時、東京都世田谷区三軒茶屋の民家を全焼する火事が起きた。炬燵《こたつ》から出た火が畳に燃え移り、猛煙に包まれた部屋から二男（七歳）は直ちに戸外へ逃げ出したが、長男（一二歳）は押入れ内の「待避所」で焼死した。成績がよく機転が効くと評判だった長男が、普段の防空訓練のとおりに待避所に飛び込んだと思われる。

これを報じた『朝日新聞』は、「すは火事〝待避所へ〟　ご注意ください、焼死した学童がある」という見出しで、長男の顔写真も掲載した（一九四三年二月一七日付）。記事中には、「かねての教訓を守って退避したのでせうが、火災には待避所は何の役にも立たないのです」という警視庁消防部の談話も紹介されている。

通常の火災時にすら役立たないのであれば、焼夷弾の油脂や薬剤による猛烈な火焔に対しては、なおさら役に立たないはずである。一二歳の少年の犠牲が、多くの国民への教訓とされることはなかった。

大都市部では、駅や役所などの公共施設に公共用の大型防空壕が作られた例はあるが、それは主として勤務員が一時待避するためのものである。大量の市民が一度に待避できるような防空壕は東京・大阪の都心部にもほとんど存在しなかった。床下に簡易な「待避所」を設置することが推奨された結果、空襲時に建物が倒壊して下敷きになって死亡する者、火災による内部温度の急上昇により死亡する者、酸素不足により窒息死する者など、おびただしい犠牲が生じた。

■三■　防空の任務を担う「隣組」——参加と監視のシステム

◆国家の指揮命令下の「隣組」

政府は、国民に対し情報統制によって「逃げようと思わせない」とともに、地域での相互監視システムを作り、「逃げたくても逃げられない」という縛りをかけることも怠らなかった。

内務大臣・地方長官（知事）を頂点とする防空指揮命令系統の最下部に、地域住民からなる「隣組」を組織し、都市住民を直接かつ広汎に防空業務に駆り立てる役割を担わせたのである。

隣組とは、一九四〇年九月に内務省が発した「部落会町内会等整備要綱」によって制度化されたものであり、五〜一〇軒程度の家庭からなる。それ以前から町内会組織（隣保組織）は存在していたが、これが正式に国家の指揮監督下におかれ、これ以後、「防空の基礎単位」として機能が強化されていく。その流れを、次にみることとする。

◆人々の助け合いと、権力の管理

さしなみのとなりにかよふ道ならむ　籬の竹のひまのみゆるは（明治三九年）

隣組の運営マニュアルの巻頭に掲げられた明治天皇「御製」の歌である。「さしなみ」は隣の枕詞、「籬《まがき》」は竹や柴を荒く組んだ垣、「ひま」は隙間をいい、「隣同志互ひに垣根を通つて往来し親しむ姿を御歌ひ遊ばされたもの」と解説されている（鈴木嘉一『隣組と常会――常会運営の基礎知識』一九四〇年一二頁）。

古典落語の世界にも登場する日本独特の隣近所システムの分析は、その方面の専門研究（鯵坂学他編『町内会の研究』（御茶の水書房、一九八九年）など）に譲り、ここでは、太平洋戦争を目前にした時期に、なにゆえに国家が「隣近所」に上から介入し、その体系的組織化・管理化に乗り出してきたのかについて少しこだわりたい。これを解明することは、防空法体制のもとで、隣組がどのような位置を占め、またどのような役割・機能を果たしたのかという問題にもつながる。

もともと、隣近所が様々な形で関わり合う仕組みは、古くから存在した。「大化の改新」の頃の「五保の制」をはじめ、江戸時代の「五人組」、「什《じゅう》人組」、「寄り合い」、「講」など。隣組常会の元祖としてよく引照されるのは、二宮尊徳の唱導にかかる「芋こぢ」である。里芋を洗う時に桶に入れて、棒でかき回すと、やがて皮がむけてきれいに洗える。だから、常会で心の皮が洗われて、自己本位の心がきれいになり、相互扶助の精神が培われるという（東京市役所市民局町会課『隣組常会の栞』（一九四〇年）一二頁）。その時々の権力は、地域の最末端に位置する隣近所の問題に決して無関心ではなかった。人々の自発的助け合いの形態と、権力側の管理・統制とは常に複雑に絡み合っていた。

東京で町内会活動が活発化したのは関東大震災（一九二三年）の頃からである。「その時焼けなかつた山の手や隣

写真26・27　「とんとんとんからりんと隣組」の歌詞が書かれた湯呑茶碗。歌詞の裏側には「翼賛」の文字と大政翼賛会の紋章がある。

接町村では町から町へ『そら不逞の徒がやつて来る』といふやうな流言蜚語に脅かされて、続々と自警団が出来て街々の固めが強められて行つた。無論そんなばかなものの襲来はなかつたが、保安維持の為めに変事に処するいろいろな教訓となつたことは確かであつた。現存する全市三千有余の町会の中にはさうした歴史を有つものが余程あるだらうと思ふ」（東京市民局長前田賢次〈平林広人『大東京の町会・隣組』〈帝教書房、一九四一年〉二六頁〉）。ここには、町内会発展の影の部分が吐露されている。

◆隣組の由来

全国に先駆けて隣組の整備に着手したのは東京市であった。一九三七年四月には特別の調査研究機関による検討がなされ、同年夏には「最寄会《もよりかい》」を「隣組」に、「月例会」を「常会」に名称変更することが決まった。「隣組」という言葉が選ばれたのは、「有機的な一団としての社会組織をあらはすのには、『組』とするのが町内会の細胞組織体たるこの組織の名称として適切である」とされたからだという（平林・前掲二二頁）。「細胞組織体」という表現が妙に生々しい。

「隣組」という名称が初めて公式文書に登場したのは、翌一九三八年五月一四日のことである。この日、東京市長小橋一太の名で告示された「東京市町会規約準則」のなかに、「隣組」という一章が設けられた。

東京市町会規約準則（東京市告示第二四〇号〈昭和一三年五月一四日〉）第七章　隣

組　第三一条

概ネ左ノ標準ニ依リ隣組ヲ設ク

一　隣接スル五世帯及至二十世帯

二　五世帯以上ヲ収容スル「アパート」

三　貸事務所其ノ他ニシテ五世帯以上ヲ収容スルモノト看做シ得ルモノ

当時、隣組は「徳川時代の五人組制度の復興」といわれた（『町会と隣組の話』〔社会教育協会、一九三八年〕二四頁）。だが、東京を含め都市部では、伝統的な隣保制度は基本的に崩壊していた。この時期の隣組は、国家総動員法（昭和一三年法律第五五号）のもとで、住民をその生活の末端において捕捉・管理するとともに、戦争への「住民参加」の意識と儀式と形式を確立するための「装置」として、目的意識的に創出されたものといえる。

◆「隣組三綱領九則」と「部落会町内会等整備要綱」

東京市が隣組を広めるうえで「理念」として掲げたのが、次の「隣組三綱領九則」である。

隣組三綱領九則（東京市市民局・昭和一四年三月）

第一　交隣団体としての隣組

隣組は近所付合いの一団として隣保相扶け、都市生活の保全に当たる交隣団体である。

一、常会その他の方法によって、組員互いに相識り、和親を厚くするようにつとむること。

一、組員の吉凶禍福に際しては速かに適宜の方途を講ずること。

一、組内をより住みよい、働きばえのある楽園とするようにつとむること。

第二　町会の細胞組織としての隣組
隣組は町会のもとにあって、広く国家並びに帝都の要求に応ずる実践単位をなす町会の細胞組織である。
一、町会の通諜を滞りなく、全組員に徹底せしむると共に、町会の要求する報告を正確になし得る機構をもつこと。
一、各種の申合せ及行事の実行を期する方法を講ずること。
一、町会及び公益団体のために出動する当番を公平に分担する制を定むること。
第三　自衛団体としての隣組
隣組は不断に非常災害に対する応急対策の備えをなす防備組織である。
一、各世帯及びこれに準ずるものは常に非常災害時の担当者を明らかにしておくこと。
一、非常災害特に空襲時に際しては、各部門の活動を分担出来るように常に組内の係を決めておくこと。
一、非常災害に対する各方面の機関と速かに連絡のとれる用意をしておくこと。

「広く国家並びに帝都の要求に応じる実践単位」という点が、単なる親睦団体との違いを明確に示している。こうした動きを全国へ波及させ、隣組を「装置」化する転機となったのが、内務省による「部落会町内会等整備要綱」である。次の四点が「目的」とされている。

部落会町内会等整備要綱（内務省訓令一七号・昭和一五年九月一一日）
第一　目的
一　隣保団結ノ精神ニ基キ市町村内住民ヲ組織結合シ万民翼賛ノ本旨ニ則リ地方共同ノ任務ヲ遂行セシムルコト
二　国民ノ道徳的錬成ト精神的団結ヲ図ルノ基礎組織タラシムルコト
三　国策ヲ汎ク国民ニ透徹セシメ国政万般ノ円滑ナル運用ニ資セシムルコト
四　国民経済生活ノ地域的統制単位トシテ統制経済ノ運用ト国民生活ノ安定上必要ナル機能ヲ発揮セシムルコト

この整備要綱は、隣組（隣保班）の組織にあたっては「五人組、十人組等ノ習慣中尊重スベキモノハ成ルベク之ヲ採リ入レルコト」と定める。これ以降、全国レヴェルで、町内会、部落会、隣組の整備確立が急速に進む。

東京市の「町会整備運動」でも、一丁目ごとに一町会を作るとともに、「向こう三軒両隣」で隣組をつくることに重点が置かれた。地方では、村の「契約講」が隣組に再編されていった例もある。もとは葬式の世話などによる結びつきが、次第に行政の末端組織としての性格を強めていく。かくて、一九四四年一〇月時点で、東京都三五区内（人口三四二万人、一四〇万世帯）における町会の数は二六八七、隣組は一二万九〇〇〇に達した（自治振興中央会・東京市「町内会部落会ニ関スル資料」一九四四年一一月）。

「逃げたいと思わせない」ための情報統制とともに必要となった、「逃げたくても逃げられない」という相互監視体制。その装置としての隣組が急速に整備されていく。その「装置」が駆動するうえで核となったのが「常会」である。常会は市町村、町会、部落会、隣組の各レヴェルで行われたが、最も重視されたのは「隣組常会」であった。

なにゆえ国家は、そうまでして、定期的に近所同士が集まることを重視したのか。その背景には、向こう三軒両隣りの付き合いさえしなかった「都会人」が隣同士で助けあうのは一つの進歩だが、「隣組一家」でなくてはならない、「これぞ皇國一家の単位であり、八紘一宇の具体化の第一歩である」という思想がある（鈴木嘉一『隣組と常会――常会運営の基礎知識』〔誠文堂新光社、一九四〇年〕三二頁）。戦前の支配体制の特徴の一つとして家族主義イデオロギーの強調があるが、隣組のレヴェルにもそれは貫徹していた。

◆隣組・常会の特徴と機能

隣組や常会の特徴は次の点にある。

第一に、「上意下達・下情上通」という標語に象徴されるように、住民の最末端まで国家意思を浸透・徹底させる装置であったことである。相互監視と相互牽制によって、「赤化分子」の炙り出しや、「不満分子」の抑制にも効果があった。

第二に、社会のレヴェルで、予測不可能なものを可能な限り排除し、矛盾を解消していく機能である。それにはある種の更生機能も含まれる。たとえば、「妾宅は隣組から除名すべきか」という豊島区住民（女性）の質問に対する、東京市の担当者の回答はこうだ。「隣組は今や国民の生活の母体であり、土台です。如何なる感情的理由をもつてしても、それから除名するなど誤りであるばかりでなく同じ国民の生活権を奪ふことにさへなるのです。……むしろ自分の組内に大きな気持ちで抱き入れ市民、国民としての更生を助けるやうにすることこそ隣組精神であり、真の国民更生の源泉となるのです」（平林・前掲一二八頁）。

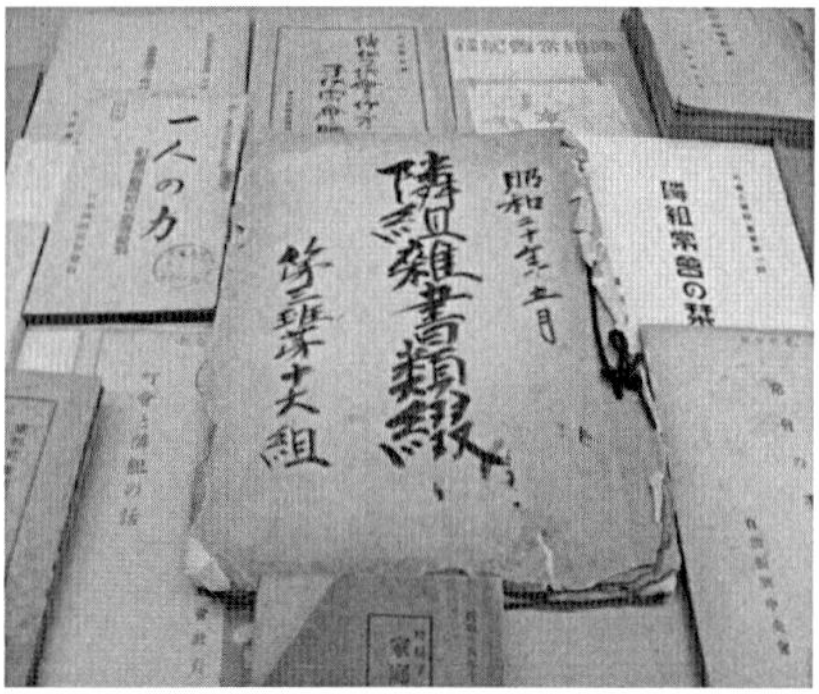

写真28　隣組に対する指導解説書。会議の進め方から情報伝達の仕方まで、数多くの解説書によってノウハウが伝授されていった。

第三に、職業・貧富・老若・男女の区別なしの「隣保全員参加」である。そこにある種の「平等」が生まれ、女性の「社会参加」の機会もその限りで「拡大」した。だが、所詮それは、臨月の妊婦までもがバケツリレーにかり出されるという類のものだった。

都市部では、「インテリ層」の動員に苦労したようで、運営マニュアルには、こんな「美談」も紹介されている。「過般（一九四〇年）十月の防空演習には杉山（元）はじめ参謀総長は夜中の一時から三時迄、自ら其の隣組の見張番に立たんとした。……生憎総長の外男手がなかつたからである」（鈴木・前掲一五六頁）。一住民として、現役の陸軍大将も隣組に参加しておるのだぞというわけであろう。

第四に、住民の「自発性」が重視されたことである。常会運営についても、たとえば、「面白い集まりだ」「ためになり役に立つ大切な集まりだ」と思われるように、企画や運営面での工夫が求められた（『常会の手引き』（自治振興中央会、一九四一年）一五頁）。町会常会の会場の席次についても、有力者が上座に座り、借家人らが参加しづらくならないよう、到着順に座るように指示されている（鈴木・前掲一二一頁）。

第五に、隣組は動員・訓練と思想統合の単位であった。「系統的計画的市民訓練組織」として、住民の動員に「貢献」した。たとえば、杉並区の婦人たちが、休暇で遊んでいた学生たちとバケツリレーの競争をしたところ、一定時間に婦人側は五四杯運んだのに対して、学生側は三三杯だったという。「訓練さへしてゐれば、婦人の力で大丈夫護れますよ」というわけだ（「家庭の共同防衛を語る　防衛当局と隣組長の座談会」『主婦の友』一九四一年四月号八七頁）。また、隣組常会は、「教化宣伝実施上の総合統制の中軸」として位置づけられた。そこでは、各種記念日の行事を通じて、一種のイデオロギー教育が行われた。常会では、まず「御真影」や「国旗」を前にして拝・黙祷を捧げ、「国歌」斉唱ののち、議事に入るよう指導された（前掲『隣組常会の栞』一〇頁）。

第六に、隣組は防空の基礎単位であった。「非常災害の自衛団体としての隣組」である。「隣組防空群」の機能については後述するので、ここでは省略する。

第七に、隣組（常会）は経済の単位でもあった。統制経済に伴う切符配給の末端機関であり、共同購入など消費組合的な機能も果たした。冠婚葬祭の無駄や慶弔行事の虚礼、「贅沢廃止・貯金・節米等の如きも常会にかけると苦もなく全面的に実践が行はれる」と、その「効用」が説かれている（鈴木・前掲三二頁）。

第八に、政治の単位としての側面も無視できない。隣組は「大政翼賛会の基礎単位」の位置づけを与えられていた。「新体制」のもとで、大政翼賛会が、全国の市町村の政治指導を強化していた。たとえば、青森県浅虫で開かれた北海道・東北地区の町内会部落会指導委員研究協議会（一九四三年一〇月二三日）で、香月秀雄（大政翼賛会町内会部落会指導委員）は、ひどく荒っぽい、町内会と隣組の軍事化思想を説いている。すなわち、「戦陣訓」第五「諸兵心を一にし、己の任務に邁進すると共に、全軍戦捷の為欣然として没我協力の精神を発揮すべし」のなかの「諸兵」を「諸民」と読み替え、「全軍戦捷」を「全村（町）振興」と置き換えるだけで、直ちに「銃後の戦陣訓」となり、「町内会部落会の敢闘精神」となるのだ、と（『必勝態勢と町内会部落会』〔大政翼賛会、一九四三年〕八頁）。

◆自治から万民翼賛へ——新町三丁目の町会規約

町内会・隣組の整備確立を軸とした地域再編は、太平洋戦争開始までにほぼ完成した。ある町会資料に、その経緯が投影されているので詳しくみていこう。

東京・世田谷区新町三丁目。駒沢公園の西側、玉電（現・東急新玉川線）桜新町駅北側の地域。一九四五年四月二〇日当時、二八六世帯一一四二人の住民が居住していた（玉川警察署資料より）。「新町三丁目町会隣組長名簿」（昭和一八年五月二四日常会決定）によれば、同町内の隣組総数は一九組。一班五組で計四班が構成されていた（第三班のみ四組）。

写真29　現在の新町3丁目。閑静な住宅街である（2013年５月撮影）。

町会の存在目的は何か。かつての「世田谷区新町町会規約」（昭和一四年三月改正）は、「隣保団結シ舊來ノ相扶連帯ノ醇風ニ則リ自治ニ協力シ公益ノ増進ニ寄與シ会員ノ福利増進ヲ図ル」と定めていた（同規約三条）。これは「東京市町会基準」（東京市告示第一九三号〔昭和一三年四月一七日〕）が定める「隣保団結シ旧來ノ相扶連帯ノ醇風ニ則リ自治ニ協力シ公益ノ増進ニ寄与シ市民生活ノ充実向上ヲ図ルヲ以テ目的トスル地域団体」という定義にも沿う。

ところが、一九四三年五月八日に施行された新しい「新町三丁目町会規約」では変化がみられる。「隣保団結シ萬民翼賛ノ本旨及舊來ノ相扶連帯ノ醇風ニ則リ地方共同ノ任務ヲ遂行シ市民生活ノ刷新充實ヲ圖ルト共ニ國策ノ徹底ヲ期スル」ことが目的に掲げられた（同規約三条）。「自治」から「万民翼賛」「地方共同ノ任務」へ。さらに「國策ノ徹底」という任務が新たに加わったのである。ここには、「部落会町内会等整備要領」（内務省訓令第一七号）における「萬民翼賛ノ本旨」などの文言が、そのまま持ち込まれている。

◆町会の事業・組織の戦時化

新町三丁目町会規約では、町会の「事業」についてもかなりの変化が見られる。トップに「敬神崇祖及祭祀ニ関スルコト」が来ている点は従来と同様だが、交通、矯風、公共心の涵養、慰安などの事業がすべて削除され、次の事項が新たに付加されている。「隣保団結及相互扶助ニ関スルコト」、「国策及自治行政ヘノ協力実践ニ関スルコト」、「経済生活ノ安定及貯蓄強化ニ関スルコト」、「軍事援護ノ強化ニ関スルコト」、「防衛、警防及衛生ニ関スルコト」である（同規約七条二〜六号）。地域住民の親睦・交流・協力という町会本来の事業ではなく、軍事・国策的要素がいっそう強まっている。

組織面についてはどうか。まず、町会の内部における隣組の位置づけが格段に高まったことが特徴として指摘できる。新たに隣組に関する独立した章（第五章二四〜三〇条）がおかれ、隣組は「市民組織ノ基底タルノ重大責務ヲ有スル」（二四条）とされた。内部組織のあり方までも詳細に定められている。また、かつては町会規約で仔細に定めることなく施行規則に委任していた町会各部（専門部）の構成が、本規約により詳細に規定されるようになった点も目立つ（一九〜二〇条）。

新町三丁目町会の各部は、次の八部から成る。庶務部、消費経済部、貯蓄部、軍事援護部、防務部、健民部、婦人部、青少年部、である。これは他の町会も同様である。このうち、防務部（「防衛部」とする町会規約もある）の担任事項は、

㈠防空、防火その他非常災害に関すること、㈡防諜および防犯に関すること、㈢警防および交通に関すること、㈣隣組防空に関すること、㈤警防団との連絡に関すること、である（二〇条）。防務部は、防空法制の実施上の中心的役割を与えられていた。

ところで、「世田谷区新町三丁目町会役員名簿」（昭和一八年五月八日現在）には、各部役員が実名で書かれている。これを見ると、各部は総代一人と、幹事二〜三人で、計三〜四人から構成されていたことが分かる。消費部は規約上例外的に、幹事が消費者側と業者側とで各五人、総代一人を入れて計一一人と、かなり多く割り当てられている。町会規約では、各部の幹事の数は二ないし五人とされ、消費部のみ一四人以内とされている（二一条）。ただ、防務部のみは、鉛筆書きで六人が追加されている点が注目される。防空体制強化のなかで、ここでも、防空を主任務とする防務部が増強されていたことがうかがえる。

写真30　新町3丁目の町会資料。戦中・戦後にわたって同じ筆跡が並んでいるのが分かる。

◆戦う町会・隣組

新町三丁目の町会規約が施行された一九四三年五月八日（土曜）という日は、実は特別の意味を持っていた。この日を期して、東京における町会・隣組の新体制が発足したからである。

新聞各紙も、「戦ふ町会擧げて滑り出す――是非、婦人を役員に」（『朝日新聞』一九四三年五月九日付）、「八部制に新異色――改組二千七百町會けふ新發足」（『東京新聞』同）、「會長中心の運營――防空に配給に總力結集（『讀賣報知』同日付）という見出しで、大きくこれを報じた。

新町三丁目町会発足への動きを辿ると、次のとおりである。河野光星世田谷区長が「町会隣組戦時体制準備委員」指名通知書を各町会に発し、これを受けて新町町会内の三丁目地域で、町会名を「新町三丁目町会」と定め、石田三吉氏ら三人の準備委員を区に届け出たのが四月一六日。役員指名届は四月二一日に出されている。区長が「町会戦時体制確立強化届ニ関スル件」（世戦発第八六号）を出したのが四月二三日。三丁目でこの届を提出して新しい町会発足準備を整えたのが五月七日である（同届への署名日付）。翌日には、東京全体で新体制が発足している。

新町三丁目では、二日遅れて、五月一〇日午後四時より、町内の東京市産業会館で、「町会隣組戦時体制確立強化のための結成式」が挙行された。そこで、次のような「宣誓」が行われている。

宣　誓

我等町會隣組員ハ皇國未曾有ノ時局ニ直面シ鞏毅ノ下大東京市民トシテ果スベキ使命ノ愈重大ナルコトヲ痛感ス。今ヤ御稜威ノ下我ガ忠誠有武ナル陸海皇軍ノ精鋭ハ世界戦史空前ノ戦果ヲ擧ゲツツアルノ秋《トキ》、我ガ新町三丁目町会員一同ハ一層結束ヲ強固ニシ戦時生活ヲ徹底シテ直チニ善隣一家一億一心ノ實ヲ擧ゲ愈銃後総力陣ノ完璧ヲ期シテ聖旨ニ副ヒ奉ランコトヲ期ス。右宣誓ス。

昭和十八年五月一日

世田谷区新町三丁目町会員代表　工藤英雄

地域住民が国家に「宣誓」をするという図は何とも異様である。準備委員指名から発足まで一ヶ月弱。町会・隣組の新体制発足が極めて急ピッチで進んだことが分かる。

◆東京都制と隣組防空群

二ヶ月後の七月一日、東京都制が施行された。「東京都」の発足は、地域の戦時体制化のいわば総仕上げであった。この日、新町三丁目町会に配布された河野光星世田谷区長以下関係者一二人連名の「東京都政施行の挨拶」という文書がある。そのなかに、東京都政施行の理由が次のように書かれている。

大東亜戦争下斯の如き劃期的なる新制度の實施せられたる所以のものは蓋し一に皇都行政の統一及簡素強力化と處務の敏活適正を図り戦時行政の運営に些かの間隙なからしめ以て大東亜戦争の目的完遂に奇與せんとするものに有之候。

この東京都政施行と同時に進められたのが、隣組防空群の強化であった。都政施行に伴い、警視庁が隣組防空群の指導統制権を全面的に掌握した。警防団本部には、隣組防空群指導係も新設された。

ところで、東京都において、隣組防空群設立の根拠となったのが「東京都永年計画」一二三条である。それに基づく隣組防空群の位置づけと機能をまとめれば、次のとおりである。

一　国民防空に国民全般の「自衛行為」を基調とすること

二　わが国の都市は木造建築物であるから、応急防火の強化充実の必要上、五人組制度・隣保制度を防空に用いること

三　概ね一〇戸内外で一群を編成し、自衛防空にあたらせること

四　各家庭には一人の防空担任者を定め、家族、同居人、防護活動をなしうる者すべてを防空従事者として自衛防空にあたらせること

五　東京市長と警察消防署長とによって指導されてきた隣組の防空活動は、都制施行とともに指導統制の一元化がなされること

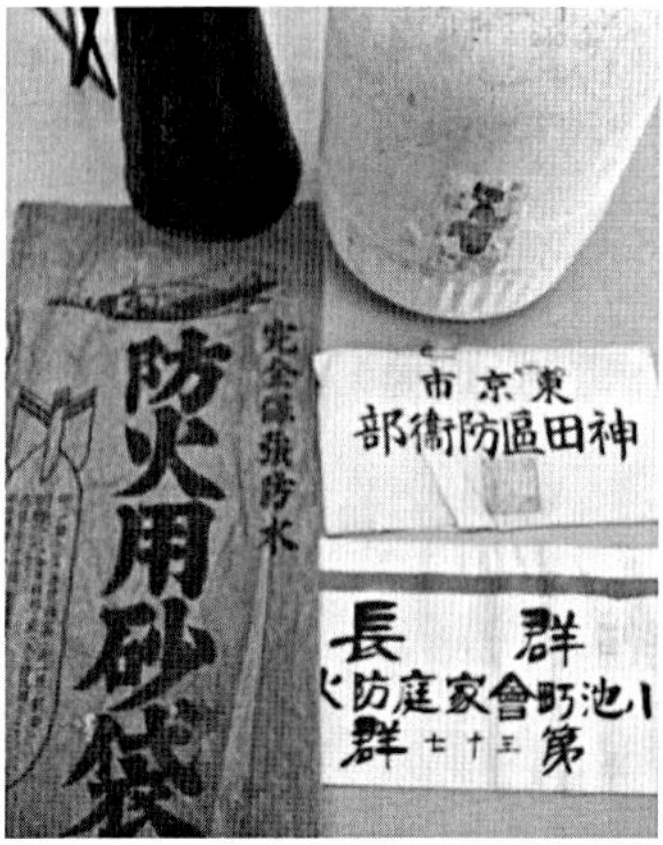

写真31　隣組防火群が用いた道具類。砂袋（左下）、伝令メガホン（左上）、消火弾（右上）、腕章類（右下）

六　隣組防空群は、警防団の防空活動に協力すること

◆空襲の渦中でも「敢闘」と「完遂」を求められた隣組

隣組の防空組織化は大阪も同様であった。「大阪市隣組防空指導要綱」は、大阪市による隣組への指導方針を次のように定めている。

大阪市隣組防空指導要綱（昭和一八年五月）

第八条　隣組防空ノ指導項目ハ概ネ次ノ如シ

㈠防空精神ノ涵養ニ関スル事項

㈡防空知識ノ普及徹底ニ関スル事項

㈢防空設備資材ノ整備ニ関スル事項

㈣防空訓練ノ実施ニ関スル事項

㈤其ノ他防空ニ関シ必要トナル事項

第九条　防空精神ノ涵養ニ関シテハ空襲ノ当初ハ勿論ソノ災害ノ渦中ニアリテ敢闘ヲ以テ災害ノ防止軽減ニ従事セントスル自主防衛ノ旺盛ナル意識ト沈勇忍耐ノ氣象トヲ助長スルト共ニ自衛防空ノ完遂ハ即チ一面国力扶持ノ重要ナル要素ナルコトヲ知得セシムルヲ主眼トシテ指導スルモノトス

たとえ「災害の渦中」でも、防空活動の敢闘と完遂が求められる。この指導要綱の翌年に大阪府警察局が配布した「家庭・隣組防空指導書」には以下の記載がある。

大阪府警察局「家庭・隣組防空指導書」（昭和一九年一二月）

この防空は陸海軍の行ふ防衛に即応して行われるのであって、軍官民が一体となり、どんな困難にも打ち勝ち、それぞれの任務に邁進して、初めて隙のない護りを固め得るのである。〈中略〉防空上最も大切なことは、各自がそれぞれ全力を挙げてその持場を守ることである。そのために、自衛防空機関として家庭防空には隣組があり、官公署、学校、工場、銀行、会社等には特設防護団がある（八四頁）。

これに続いて同「指導書」は、隣組が常備すべき防火用資材・防護監視所・待避所について定め、隣組における監視・防火・連絡等について防空従事者の分担を義務付けている。

そして、家庭や隣組に対して、「防空活動の出来る者は全部防空に当る」ことを命じるとともに、平素からの防空訓練や、空襲時の警報伝達・防護監視・消火活動なども隣組の任務とした。

写真32　おはじきとメンコ。箱には「コドモ隣組防空」とある。

◆「防空生活」の一端

東京都世田谷区・新町三丁目町会の記録からは、空襲下の町会常会や隣組常会の様子も伝わる。

一九四三年七月二四日。この日、「鉄兜・共同購入に就て」という申込書が配布された。各家庭に鉄兜を備え、「必勝防空戦を」と呼びかけたものである。割引価格で八円三〇銭也。申込書に「旭印兜は軽くて強く『金槌』等で強く叩いても破れぬ優良品です」と説明がある。この金額程度で「優良品」とは心細い限りである。ちなみに、筆者（水島）も子どもの頃、物置の奥にあった陸軍燃料廠印の鉄兜をかぶって遊んだことがある。友達に鉄棒で思い切り叩いてもらう「実験」をしたら、少々へこみができ、しばらくひどい耳鳴りが続いたものである。

一九四五年一月二五日に開催された常会では、「二月町常会開催徹底事項」が配布された。空襲が激化した時期の市民生活の一端を窺い知ることができる。東京でも中小規模の空襲が繰り返され、「罹災者」「空家」「疎開」などの言葉が並ぶようになった。

一、　二月常会徹底事項
　防空生活ヲシツカリト固メヨウ
　　一　空襲ヲハネカヘス強イ身体ニ鍛ヘヨウ
　　二　隣組精神デ防空生活ノ工夫ヲシヨウ
　　三　空襲ニ備ヘテ手持現金ヲ貯蓄シヨウ
二、　火薬綿再回収実施ノ件
三、　罹災者用生活必需物資供出買上ニ関スル件
四、　帝都防衛功績者表彰ノ件
五、　建物疎開事業実施ニ関スル件
六、　空家及準空家ノ防空強化対策実施ニ関スル件
七、　空家及準空家ノ二月一日現在ニテ隣組長ニ於テ取リ調べ届出相成
八、　集団疎開児童ニ激励袋寄贈セラレタキ件
九、　隣組班ノ区域変更ノ件
十、　役員推薦ノ件
十一、軍事行動秘匿ニ関スル件
　防諜ニ爾今軍隊ノ行動ニ関シテハ口外、通信又ハ風説等絶対ニナサザル様一般ニ徹底セラレタシ

十二、罹災者ニシテ郊外へ転出スル者ハ区長ノ罹災証明書ヲ持参シ行ク様周知シオカレタシ
十三、追加予算ノ件

◆「消火ポンプ、誰でも操作できるように」

ここで新町三丁目から一旦離れ、一九四一年防空法改正以降、政府や各自治体が隣組に課した防空任務や監視体制の一端があらわれる新聞記事や刊行物をみてみる。

大阪府消防課は、同年一二月に、応急防火義務を徹底するため六ヶ月間にわたり全ての隣組に「実地指導訓練」を行うこととした。それを伝える新聞の記事は次の通り。

「ポンプ誰でも操作を　改正防空法で隣組を訓練」
二十日から改正防空法が実施され、空襲により建築物に火災が生じた場合、その管理者、所有者、居住者およびその付近の通行人は応急防火に協力する義務を持つこと、なつたが、府消防課ではこれを徹底させるとともに、一月中旬から六ヶ月間に亘り市内の全隣組および特設防護団に自衛（応急）防火の実地訓練を行ふ
これは各消防、警察署ごとに日曜祭日を除き毎日一町會ごとに係官が出動してその町会内の全隣組員を集めて手をとって応急防火訓練を行ひ、同時に各町會に既に数多く設備された腕用ポンプを誰でも操作できるやうに教へ込み、隣組だけで鉄壁の防空陣を布かせようといふのである

（『朝日新聞』一九四一年一二月二一日付大阪版）

この記事の見出しが「改正防空法で隣組を訓練」と掲げているように、防空法改正は隣組が実戦的な防空組織とされる契機となった。「隣組だけで鉄壁の防空陣」、つまり航空部隊や消防隊に頼らず自力で防空の任務につくこと

が隣組の任務とされた。

◆隣組防火主義――政府が説く『家庭防空の手引』

一九四一年九月に政府が発行した「家庭防空の手引」には、以下のように「隣組防火主義」が掲げられている。

『家庭防空の手引』（昭和一六年九月）

燃え易い木造家屋の密集している日本では、敵の投下した焼夷弾でまず何よりも火災を起させないことがどうしても必要です。そして多数に落下する焼夷弾に対しては、どうしても隣組の手でこれを処理せねばなりません。こゝにわが防空の特殊性として、いわゆる防火第一主義と隣組防火主義が生れて来ます。〈中略〉

國民がバラバラで焼夷弾に向っていたのでは、なかなか消せるものではありません。そこでこれを組織化したのが隣組です。つまり十軒か十五軒の家が一組となってお互いに力をあわせて、自分の隣組の中へ落ちた焼夷弾を処置しようといふのです。〈中略〉

大型焼夷弾が最も濃密に投下された場所でも、一隣組か二隣組に一発ぐらいの割合だと想像されますから、一つの隣組で一発引受けるといふ意気込みで、ふだんから指示された通りの準備と必要な訓練と知識さへもってゐれば、空襲は決して恐るべきものではありません。（五～六頁）

この「隣組防火主義」のもとで、具体的には次のように防空活動の指導・訓練がなされていった。

◆国家が作った相互監視体制

長崎県警察部作成の『隣組防空計画手牒』。表紙に「秘」と掲げられたA五版一五二ページの手帳である。隣組長が防空計画を立案して警察署長に提示するための書き込み式となっている。冒頭には次の五ヶ条からなる「取扱心得」が掲げられている。

『隣組防空計画手牒』（長崎県警察部〔昭和一七年三月〕）

取扱心得

一、本手牒ハ隣組ノ防空計画ヲ設定シ有事ノ際ニ備ヘルモノトス
一、本手牒ハ隣組防空体制ヲ明瞭ニ記載スベキモノトス
一、本手牒ハ秘密取扱トシ警察署長、市長村長、町内會長等防空機関以外ニ被見セシメザルモノトス
一、本手牒ハ警察署長、市長村長、町内會長等ニ於テ其ノ整備状況ヲ時々点検スルモノトス
一、本手牒ハ隣組長交代ノ場合後任者ニ厳重引継グベキモノトス

この『手牒』の冒頭四〇ページは「家庭別一覧表」である。最大二〇家族分の氏名・年齢・職業・防空上の任務を記載し、各家庭での「火叩き」や「砂袋」などの防空設備の準備状態等も記入する。各家庭では「防空責任者」、「防空ニ従事シ得ル者」、「防空ニ従事シ得ザル者」、「避難該当者」、「避難者保護者」を決めなければならず、これを隣組長が手帳に記入する。欄外には、次の注記がある。

避難該当者ハ國民学校初等科児童又ハ年齢七年未満ノ者、妊婦、産婦、褥婦、年齢六十歳ヲ越ユル者、傷病者又ハ不具廃疾者ニシテ防空ノ実施ニ従事スルコト能ハザル者ヲ記載ス

ここに書かれた「避難該当者」以外の者が避難しないよう、隣組長は目を光らせる。国民学校初等科（現在の小学校）卒業から六〇歳までの者は避難できない。防空法制による退去禁止は、こうした隣組による監視体制により実現した。

なお、この手帳は『隣組防空計画手牒』という標題であるが、「防空計画」の記入欄は全一五二ページのうち中盤のわずか八ページだけであり、しかも家庭一覧表や避難該当者欄よりも後ろにある。防空計画の作成よりも、家庭状況を把握する方が優先順位が高いことが一見して分かる。

この手帳の「防空計画」の記入欄には、隣組長が策定すべき実施計画として、以下の記載がある。

一、組長ハ防空活動時組員ノ全般的指揮並ニ燈火管制其ノ他防空活動ノ指導ニ任ズルモノトス〈中略〉

一四、焼夷弾落下後ノ家庭ニ於ケル防空責任者防空従事者ハ防火ニ努メ隣組員到着後ハ別命ナク組員トシテ行動スルモノトス、尚自家火災発生セル場合ト雖モ組長ノ指揮下ヲ脱シ、各個ノ行動ヲナサザルモノトス

このように、隣組長は防火活動の「全般的指揮」と「指導」を行うものとされた。自宅が炎上しても、隣組長の指揮下を脱して個人行動に出ることはできず、あくまで隣組員として防空活動を続けなければならなかった。

顔と名前を知りあう者どうしが組織化され防空義務を課される。協力しない者は名指しで「非国民」呼ばわりされ、生きる場所を奪われる。国や役所から命じられた義務よりも、近隣住民と協力して行う集団的な義務の方が、逃れることは困難なのである。これこそ、隣組を組織化して防空の機関として位置付けた目的であった。

〈補注〉長崎県警察が音頭をとった「隣組防空計画」は、原子爆弾投下時に効果があったのだろうか。

米戦略爆撃調査団による一九四五年八月から一二月までの調査をまとめた『長崎における空襲防ぎょ、その関連事項に関する現地報告』（前掲・本書三六頁）には、「落下爆弾の処理」に関して長崎県でも、「直撃焼夷弾に対して最初は家族が消火活動に当る。もしこれが拡大した時はその近所の人々の助を貸りる（ママ）。……」という仕組みが存在したとある。「所見」中には、調査団が長崎で調査した折、焼夷弾の消火処理にあたった官吏に質問したところ、彼らはこの仕組みに満足しており、原子爆弾の経験からこの方法に変更を加える必要は何もないと答えたという記述がある。「何故ならば原子爆弾の場合は、極めて巨大な一個の爆撃を受けたので、この時は直ちに県警察部の管理下に入り、下級集団〔家庭防空群など〕の管理を順次経て行く普通の段階は踏まなかっ

たからである」と（同資料二九〜三〇頁）。原爆投下の現実と、この長崎県防空担当者の発想とのギャップの大きさに驚く。

◆京都市や世田谷区新町三丁目での「実践的ナル訓練」

では、実際の隣組の防空活動、訓練メニューは、どのようなものであったか。京都市と、再び東京・世田谷区の新町三丁目町会資料から診てみよう。

初期の防空訓練は、『昭和十六年度総合防空訓練京都市実施要綱』に見られるように、「軍防空ニ即応シ防空上ノ要度ニ応ジ防空業務ノ全般ニ渡リ総合的ニ之ヲ実施シ……」と総花的な内容で、監視、通信、警報伝達、燈火管制、消防、防毒、避難、救護などの訓練が実施された（期間は一〇日程度）。

ところが二年後の『昭和十八年度京都市防空教育訓練要綱』では、「本教育訓練ノ実施中防空警報発令セラレタルトキ又ハ状況緊迫シタルトキハ直ニ之ヲ中止シ実践ノ態勢ニ移ルモノトス」、また、「各期ヲ通ジ時ニ予告ナキ実践的訓練ヲ合セ施行スルモノトス」とあり、緊迫感が伝わる。訓練内容は、防火、消防、防毒（教育のみ）、退避及び応急復旧に絞られ、訓練期間も通年にわたっている。二年の間に、ドーリットル爆撃隊による日本初空襲（一九四二年四月一八日）があり、中央レヴェルから盛んに「実践的ナル訓練」が強調されるようになっていた。

東京・世田谷区新町三丁目の町会資料からも、そうした傾向が読み取れる。

一九四三年六月一六日付の『玉警防第二五〇号……昭和十八年度東京府防空訓練要綱中隣組防空群基礎訓練実施ノ件』。芥川玉川警察署長、渡辺世田谷消防署長、河野世田谷区長の連名で、各町会長に宛てたものである。訓練方針として、「間欠的奇襲」の可能性と、「中期以降ニ於テ相当大ナル機数ヲ以テスル反復的空襲ヲ受クル公算大」という基本認識のもと、「実践的ナル教育訓練ヲ重点的ニ施行スル」ことが強調されている。「施行ニ当タリテハ全般ノ計画ヲ俟《マ》チテ着手スルガ如キコトヲ避ケ重要度ニ応ジ逐次計画施行スルコト」という一文も、事態切迫化の認識を示している。

関係指導者に対する「研究会」の開催、「予告ナキ実戦的訓練」の実施なども告知されている。家庭の訓練では迅速なバケツ注水に、隣組防空群では「(焼夷弾)落達場所ニ対スル包囲鎮滅」のための人員の配置に最重点が置かれている。『玉警防二五〇号』に添付された『隣組防空群各種防空業務訓練要項』でも、「実戦的訓練」が強調されている。だが、落下した焼夷弾の処理訓練の最大の被害想定について、「小型焼夷弾は各戸一個以上、大型焼夷弾は一群一個トスルコト」など、まもなく始まるアメリカ軍M69集束焼夷弾による絨毯爆撃を考えれば、かなり牧歌的なものであった。

◆戦況悪化による防空訓練の変化

同じく警察署長、消防署長、世田谷区長連名による『玉警防四六八号……月例訓練の徹底ニ関スル件』(昭和一八年一〇月二二日)。

「一部ニ依然トシテ形式的ニ終始シ或ハ月例訓練ヲ欠略シ或ハ……散漫ナル行動ニ出デル者若クハ徒ラニ感情ニ走リ事ヲ構ヘテ紛議ヲ惹起スル等真ニ遺憾ナル事例散見セラル」とある。「故ナク出動セザル者、正当ノ理由ナキ不拘種々条件ニ籍口シ出動ヲ拒否スル者」については、その住所、職業、氏名、年齢、理由を警察署に報告するとしている。空襲激化を目前にして、一人残らず防空訓練へ動員するよう隣組への指導が徹底されていく。

この時期の訓練は、メインの月例訓練が毎月八日午前九時から一一時とされ、この日が「防空日」とされている。夜間・払暁の訓練は毎月第三日曜日である。訓練のメニューは、初空襲までの一般的・網羅的訓練とは異なり、かなり具体的になってきている。町会文書に添付されている『隣組防空群人命救助竝《ならびに》緊急避難訓練要綱』によれば、訓練内容は五種類。㈠不発弾・時限爆弾による緊急避難、㈡爆発焼失等による緊急避難、㈢包囲火災脱出避難、㈣

火煙中よりの人命救助、㈤倒壊家屋よりの救出作業、である。

「人命救助、緊急避難」という字句はあるが、それが認められているのは火焔包囲、爆弾直撃、家屋倒壊といった究極事態下だけである。「都市からの退去」とか「爆弾から逃れる避難」は、ここでも一切許されていない。これら訓練が、その後の「実践」で功を奏したのかは大いに疑問である。

なお、町会文書には、妊産婦、病人、老幼婦女等に「充分留意スルコト」とある。理由として、妊産婦を強制的に訓練に参加させた結果流産したり、病人や老幼婦女に「過激危険ナル動作」をさせたりした結果、負傷者や死者（心臓麻痺）が出たという事例も挙げられている。それでも退去や避難は決して認めず、「過激危険」に至らない範囲で防空業務に従事せよというのが基本方針だった。

一九四四年になると、サイパン守備隊「玉砕」をはじめ、戦況は一層悪化してくる。

更に薄く、粗悪な紙に刷られた『玉警防第四八号……防空警備訓練其ノ他実施ニ関スル件』（同年二月五日）。発信人は増田玉川警察署長。空襲時における「治安確保」のため、警察官、警防団員などによる専属警戒部隊を編成し、町会や隣組防空群がこれに協力するという内容である。いかなる事態のもとでも、体制維持の観点が第一義となっていた。

この年の二月二五日、政府は「決戦非常措置要綱」を閣議決定した。その冒頭で「決戦ノ現段階ニ即応シ国民即戦士ノ覚悟ニ徹シ」と述べ、学徒動員や女子挺身隊などの動員強化を指示している。さらに「三、防空体制ノ強化」の項においては、「空襲被害極限等ニ付テノ準備訓練ヲ徹底ス」と定めている。すなわち、空襲の「被害極限」に際しても、避難ではなく防空活動の貫徹が求められた。

『玉警防号外・回覧板――家庭防空初動訓練実施要領』（昭和一九年六月七日）。冒頭に、「一般家庭ノ防空態勢整備ニ就テハ、未ダ訓練不徹底ノ憾アリ」とある。空襲が夜間・払暁になる可能性に鑑み、家庭における「初動訓練」

の徹底が指示されている。これに基づき、玉川警察所管内では、早朝五時からの訓練が実施された（新町三丁目は六月一一日〔日曜〕）。

新町三丁目町会長・指導係長名の通牒『防空警報伝達ニ関スル件』（昭和一九年一二月八日）。それまで防空警報発令時、同解除時はサイレンで知らせると共に、警防団員が「口頭」で伝達をしていたが、これ以降は「口頭」を省略し、サイレンのみの告知とされた。これは、一二月に入ると連日のように空襲が続き、人員の不足が深刻化していたことを示している。

◆決戦態勢への大転換「町会義勇隊」

最初に世田谷区が空襲を受けたのは、一九四四年一一月二九日の夜間空襲である。これ以降は、空襲の激化を反映して、町会文書が極端に減る。終戦までに世田谷区全体では空襲による死亡者二一五人を出しており、一九四五年五月二五日には新町三丁目も空襲を受けた（『世田谷近・現代史』世田谷区〔一九七六年〕一〇二九・一〇三三頁）。

新町三丁目町会長『国民義勇隊組織ニ就テ』という回覧板。町が空襲を受ける四日前、五月二一日午後八時から開かれた隣組会議で配布されたものである。

「今回政府ハ未曾有ノ重大危局ニ際シ全国民挙ゲテ戦列ニ参加シ皇土防衛ト生産ニ挺身セシメ、事態急迫セル場合ハ直ニ戦闘隊ニ移行セシムル国民義勇隊ヲ組織スル可トナリタルヲ以テ、我町会ニ於テモ左記要領ニ依リ町内居住民ヲ以テ町会義勇隊ヲ組織ス可キニ付協力相成ルベシ」とある。具体的方針のトップに、「町内居住ノ国民学校初等科修了以上ノ男子六十五歳、女子四十五歳以下ノ者ヲ以テ組織ス（但シ病弱者及妊産婦ヲ除ク）」とある。この年齢以外の者でも志願により隊員に編入されるとしている。まさに根こそぎ動員である。

この回覧板綴りの持ち主であった隣組長は、この日、回覧板の余白に万年筆で、初めて会議の模様を書き残している。「二〇、五、二一日午後八時町会事務所ニテ隣組長会議ヲ開キ町会長ヨリ本趣旨ヲ専ラ説明シ……調査事項ヲ提出セシメルナド……九時散会セリ」。

「町会義勇隊」の組織により、隣組単位で住民の「安全」をはかるという建前さえも崩壊した。国民総動員による「本土決戦」への道は、この小さな町会にも影を落としていた。

◆「道義の昂揚」と「戦災地戦力化」の中味は

その五月二一日付で回覧された「国民義勇隊ニ関スル件――指令第一号ニ基ク趣旨並実施要領」（新町三丁目町会資料）にこうある。

「戦局洵ニ危急皇国正ニ興廃ノ関頭ニ立ツ。特攻血戦克ク……【読みとり不能】……トスル沖縄ノ戦況モ愈々急迫ヲ告ゲ醜敵本土侵寇ノ日遂ニ目前ノ間ニ迫マル。今コソ一億皇民真ニ眼ヲ決シ本土決戦ニ必勝撃敵ヲ期シテ起ツノ秋。茲ニ全都民ノ総力ヲ結集シ以テ悉ク戦列ニ参加シ生産ニ防衛ニ一切ヲ挙ゲテ戦力化セシメ、事態急迫ト共ニ直ニ戦闘配備ニ着手、隣保戦友相携ヘテ神州護持ノ大任ヲ完フスルハ我国民義勇隊ノ任務タリ……」。神がかった威勢のいい文章は続く。

「茲ニ皇都国民義勇隊ノ……【読みとり不能】……発足ニ当リテ行動実践部隊タルノ真骨頂ヲ発揮スルハ第一実践行動項目トシテ現下最モ喫要ヲ要スル道義ノ昂揚、戦災地戦力化ノ二項ヲ揚ゲテ其ノ目的達成ノ為敢闘邁進ヲ期セントス」。こうしたトーンの高い文章で「道義の昂揚」と「戦災地戦力化」を掲げるが、それに続く具体的内容は貧困である。

第一の「道義の昂揚」として説かれている中味は、「火事場泥棒ノ横行ト壕内窃盗ノ頻発」への対策である。防空壕のなかでの窃盗事件の続出が「巧妙執拗ナル敵ノ思想謀略」に付け入る隙を与えるというわけだ。これを単純に道義の退廃というべきかは微妙である。危険な火事場泥棒に手を染めなければならないほど物資窮乏が極まっていたとみることもできる。六月二日付『朝日新聞』にも空襲下で泥棒被害にあった記者が「道義の確立こそ刻下の急務だ」と説くコラムが掲載されており、同様の事態が頻発していたようだ。

第二の「戦災地戦力化」の具体策は、「跡片付ケ」と「緑地ノ農場化実施」である。「自活自戦」のため、「一人必ス『二坪以上』ノ農園ヲ耕作スルコト」、「皇都戦場下、戦友愛的共同農耕ニ導キ小隊（町内会及隣組）自衛自活ヲ本体タラシム」がその内容である。食糧生産すなわち戦力というのである。竹槍でＢ29を撃墜するよりは現実的といえようか。

この段階になると、隣組防空群に関する事項、初期防火や燈火管制に関する指示や記述などは全く姿を消し、食料調達や住民引き締めに全力を挙げている様子がよく分かる。ついに「腹が減つても戦さをせねばならぬ」という事態に立ち至ったのである（天崎紹雄『隣組の文化』（堀書店、一九四三年）八三頁）。

同じ頃、はるかフィリピン・ルソン島の山奥に追い詰められていた第一四方面軍（山下奉文大将）もまた、「自活自戦」を展開していた。米軍に補給ラインを切断されたため、「極力各地域ノ自活自戦能力ヲ向上シ、長期克ク独力ヲ以テ作戦ヲ遂行ス」というのが大本営の基本方針だったからである（「陸海軍爾後ノ作戦指導大綱」昭和一九年七月二四日）。日本国家は現地の兵士を体よく見捨てていた。ルソン島山中では「自活監部」が組織され、「徴発」という名の略奪も行われた。食料をめぐり日本兵同士が殺し合い、人肉食いまで起きていたのである（水島朝穂『戦争とたたかう――憲法学者・久田栄正のルソン戦体験』（岩波現代文庫、二〇一三年）二五〇頁以下）。

内外問わず、「自分で食って、勝手に戦え」という状況のなか、日本の組織的戦闘はとっくに終わっていた。防空法制もまた、全国主要都市の焦土化という事実の前に、すでに「死に体」と化していたのである。

◆男女ともに「兵役」を課す

ここで、新町三丁目に「義勇隊」を作らせた法律について概観しておく。

一九四五年三月一〇日の東京大空襲にはじまる全国無差別空襲に直面した政府は、二週間後の三月二三日、全ての職場・学校・地域で「国民義勇隊」を組織する閣議決定をした。翌月には、これを本土決戦下の戦闘組織として強化・再編成する閣議決定がなされた。こうして新町三丁目にも「義勇隊」が結成された。

これ以後、国民は都市から地方への退去が許されないだけでなく、米軍上陸後の本土決戦（ゲリラ戦）に備えて「郷土要塞（対敵拠点）」、「蛸壺（一人用散兵壕）」、「対戦車障碍物（溝、落し穴）」の築造や、竹槍で米兵の喉元を突き刺す「竹槍訓練」や、戦車に飛び込む「肉薄訓練」などに駆り出されるようになった。

一九四五年六月には帝国議会が「義勇兵役法」を可決成立し、直ちに施行された。一五歳から六〇歳までの男子と、一七歳から四〇歳までの女子はすべて「義勇兵」となり、軍の指揮下に入って本土決戦に備えるという法律であった。

義勇兵役法の条文は、以下のとおりである。男女ともに「兵役」に服すことが明記されている。

義勇兵役法（昭和二〇年法律第三九号）

第一条　一項　大東亜戦争ニ際シ帝国臣民ハ兵役法ノ定ムル所ニ依ルノ外本法ノ定ムル所ニ依リ兵役ニ服ス

二項　本法ニ依ル兵役ハ之ヲ義勇兵役ト称ス

三項　本法ハ兵役法ノ適用ヲ妨グルコトナシ

第二条　一項　義勇兵役ハ男子ニ在リテハ年齢十五年ニ達スル年ノ一月一日ヨリ年齢

写真33　三菱の軍需工場（名古屋）で警防団員が着用した鉄兜。軍隊用よりも軽くて貧弱である。

六十年ニ達スル年ノ十二月三十一日迄ノ者（勅令ヲ以テ定ムル者ヲ除ク）、女子ニ在リテハ年齢十七年ニ達スル年ノ一月一日ヨリ年齢四十年ニ達スル年ノ十二月三十一日迄ノ者之ニ服ス

二項　前項ニ規定スル服役ノ期間ハ勅令ノ定ムル所ニ依リ必要ニ応ジ之ヲ変更スルコトヲ得

第五条　一項　義勇兵ハ必要ニ応ジ勅令ノ定ムル所ニ依リ之ヲ召集シ国民義勇戦闘隊ニ編入ス

二項　本法ニ依ル召集ハ之ヲ義勇召集ト称ス

このように戦争末期には、義勇兵役法により男女を問わず「兵役」を課せられて本土決戦の戦士としての戦闘行為を義務付けられた。防空法による「退去禁止」以上に直接的な戦闘参加であり、重大な危険に晒されることになる。

次章からは、時期を東京大空襲直前にまで戻して、戦争終結まで国民がおかれた状況をみることとする。

第四章　悲壮な精神主義の結末

■一■　「焼夷弾は恐ろしくないという感じを持たせる」

◆「日本家屋の被害は小さい」

国民はどのような状況で大空襲を迎えたのであろうか。頭上に爆弾が落ちてくること、自分が猛火に包まれて犠牲になることを具体的に予想できた者は一体どれだけいたのだろうか。

都市空襲が本格化したのは一九四五年三月一〇日の東京大空襲以降であるが、その前年から軍事拠点周辺への空襲が開始されてきた。その皮切りは一九四四年六月の九州北西部空襲（死者三〇〇人）、さらに一〇月の沖縄・奄美諸島空襲（死者七〇〇人）、一一月二四日の東京空襲（死者二二四人）が続き、一二月には名古屋市内が数回にわたり空襲を受けた（死者合計六〇〇人以上）。

それでも情報統制が功を奏して、国民の圧倒的多数はまもなく日本中が焼け野原になって降伏するとは予想しなかった。

この時期に政府が発行した『週報』には、軍部や政府役人による「決戦防空座談会」が掲載されている。東京大空襲の猛火により一〇万人が死亡する二ヶ月前、あまりにも呑気な楽観論が語られている。

『週報』第四二八号　決戦防空座談会（昭和二〇年一月一〇日）

○　ところで防空態勢強化の重点といふものはどこにおかれていますか。

□　私は防空の重点は初期消火にあると思っております。爆弾なんていふものは、落ちても外国と違い、日本のこういう土地及び建物の状況では被害は大して多いものじゃない。無駄な死傷を省くために待避といふことも徹底しなければならんと思ひますが、焼夷弾ぐらいのもので何十戸、何百戸焼いてゆくといふやうなこと、何時間も焼き続けるといふようなことは実に愚かな話であります。

日本は外国よりも空襲被害は大きくならないというのである。しかし、木造家屋の多い日本では急速に火災が広がる。かつて政府が発行した「家庭防空の手引」（昭和一六年九月）には、「爆弾そのものによる被害よりも火災の惨禍の方が如何に大きいか」、「外国の家屋とちがつて、燃え易い木造家屋の密集している日本では、敵の投下した焼夷弾で先づ何よりも火災を起こさせないことがどうしても必要」と記載されていた。関東大震災でも実証済みの事実である。ところが空襲激化の直前に、まったく正反対の事実が流布されるようになった。

さらに、次のように容易に信じがたい武勇伝が語られている。

『週報』第四二八号　決戦防空座談会（続き）

●私の経験からも、勇敢にその防火に従事するといふことが一番必要ぢゃないかと思ひます。〈中略〉焼夷弾が物凄い音を立てて落ちて来たのです。それで軒下に落ちたやつは素早く処置しましたが、家と家との間にある物置のやうな所に一個落ちたのがすぐ火を発して、はめ板に燃え移りかゝりました。この場合には各戸注水はできないので、いはゆるリレー注水で消火に努めました。これもすぐさま消火することができました。たゞアパートに一個落ちましたのが、天井をぶち抜いて床に止まったのであります。それは、報告を受けて私達がその現場にゆくまでには、かなり天井も燃えておったのでありますが、しかし、そこの焼夷弾は付近にあった布団で包んで、幸ひに裏が川になっておりますので、その中へほっぽり出しました。

「焼夷弾を布団で包んで投げ出す」という怪しげな武勇伝に信憑性をもたせるために、実に細かな状況描写をしている。このようにして、『時局防空必携』にすら書かれていない非科学的な対処法が政府の手によって流布されていく。

◆焼夷弾は怖くないという「感じ」を持たせる

さらに「防空座談会」が続く。ここで政府の情報戦略が露骨に語られる。

『週報』第四二八号　決戦防空座談会（続き）

▽この防空敢闘精神といふのは結局「空襲何物ぞ」といふ感じを持つことが必要だと思ふのであります。これをドイツの状況に照らしまして、「さあ空襲は大変だ、日本は目茶々々にやられる」といふやうな米英側がやる宣伝を鵜呑みにしないことが必要だと思ひます。〈中略〉日本は絶対に爆撃によって参るといふことはないといふことをしっかり国民は知る必要があると思ふのであります。イタリアはローマあたりを爆撃されるとすぐ手を挙げてしまった。またルーマニアもルーマニア油田地区及びその首都が爆撃されると、これまた国王及び重臣層において手を挙げてしまった。もし日本が現在の状況で、お互いがこれは大変だ、これは堪らん、もう戦さなんかやめた方がよいといふような厭戦気分とか、和平気分を持つようであったならば、日本国民は世界劣等の国民だと思ふのであります。

しかし事実は敢闘力におきまして、闘志におきまして、世界最上の、もう何処の国の追随をも許さん将兵であり、これを構成しておる国民であります。〈中略〉

◇私たちの考へとすれば、とにかく焼夷弾なんか絶対怖くないものであるといふことを各人が認識して貰ひたいと思ひます。私達も実際において経験したといふのは、昨年の一一月三十日が初めてでした。今後はもう絶対的に焼夷弾は怖くないといふ自信を得ました。それであゝいうふうに大きく焼けました所は、焼夷弾が落っこちたのに、長く待避をしておったために消火の時期を逸して、あゝいふやうな結果を生じたんぢゃないかと思ひます。
□いまお話のあったやうに、焼夷弾は恐ろしいもんぢゃないといふ感じを皆に持たせる。さうして、どうして消したらよいかといふことを徹底させることが一番必要だと思ひます。

空襲や焼夷弾が怖くないという「感じ」を持たせる必要性が繰り返される。すでに甚大な被害が生じていることを隠蔽し、焼夷弾を消し止めたという真偽不明の武勇伝を流布して、国民を空襲に立ち向かわせる。これが、東京大空襲の二ヶ月前における政府の「啓発宣伝」の内容であった。

この『週報』が発刊された一九四五年一月には、東京、大阪、名古屋、京都などが小刻みに空襲を受けた。一月一四日の名古屋空襲は約一〇〇人の死者、一月二七日の東京空襲では銀座周辺などで五〇〇人以上の死者を出した。有楽町のガード下には数百体の焼死体が横たわった。言論統制下ではあるが、徐々に空襲の恐怖は知れわたっていくであろう。政府と軍部に対する不信感が強まりかねない。そこで政府は、これまで以上に情報統制を徹底するとともに、精神主義をさらに強調していく。

この二ヶ月後には三月一〇日の東京大空襲（死者一〇万人）、三月一二日の名古屋大空襲（死者六〇〇〇人）、三月一三日の大阪大空襲（死者四〇〇〇人）が続き、さらに全国各地の大規模空襲を迎えることとなる。

◆東京大空襲の三日前、「防空生活に徹せよ」

東京大空襲の三日前、『週報』四三五・四三六合併号（一九四五年三月七日）には、防衛総司令部による「現戦局をめぐる空襲判断」が掲載された。

　そこには、「日本本土は必ず頻繁に敵の機動空襲を受けることになる」と明記された。それまで見受けられた「大規模な空襲などあり得ない、恐れるに足りない」という論調とは異なっている。しかし、それが大見出しで強調されたり、同様の趣旨が新聞報道で報道されたりすることはなかった。しかも、決して都市からの退去や避難を呼びかけることはない。逆に、「防空生活に徹せよ」という項目を設けて、そのなかで物資不足や水道破壊、疫病の流行などへの覚悟を求めている。

　さらに、「国民の日常生活はもはや穴居生活を本旨とし」、「絶対不敗の信念を持ち、絶対不敗の態勢を一日も速かに確立して、日本全土を要塞にする。我が身を、心を要塞たらしめ、我が村、我が海岸、我が山を要塞たらしめなければならない」、「既に国内は戦場となっているのである。もはや今日銃後なるものは存在しないのである。一億国民がすべて戦士にならなければならない。そして準備さえどしどし進めてゆくならば、戦さに敗けることはない。空襲恐るゝに足らずとは、その準備が完成してからいふべきである。準備が出来てゐないときは非常に恐れる。だから準備すれば、恐ろしいといふことは次第に減じてくる」と述べている。

　「準備しておけば空襲は恐ろしくない」と強弁し、逃避を認めない。この方針が、東京大空襲の直前にも変更されることはなかった。多くの住民が都市に残留したまま、「三・一〇東京大空襲」へと突き進んでいく。

◆「事なかれ主義」の空襲報告

　皇居・北の丸公園に所在する国立公文書館。ここには、表紙に「極秘」と押印された防空関係文書が数多く所蔵されている。政府が空襲被害をどのように把握したかが、その所蔵文書から窺える。

　「北九州地区空襲被害綜合状況」。一九四四年六月一六日の北九州地区空襲について、内務大臣直轄の防空総本部が、現地の防空担当者から報告を受けて作成した文書である。被害状況が明らかになるごとに第一報から第三報までが順次作成され、「中央各省防衛主任官」あてに通知されている。

空襲から二日後の六月一八日に作成された「第三報」は、判明した死者三五五人、重傷者一八八人、軽傷者三五〇人、家屋被害九二八棟という被害を報告している。これを甚大な被害とは一切いわず、「前回」すなわち二年二ヶ月前の本土初空襲における死者約九〇人、負傷者四六〇人と比較して次のように述べている。

一弾ニ依ル被害ハ、前回ニ於テハ死者三・〇六人、死傷者二三・六八九人ニ対シ、今次ハ、死者一・二八七人、死傷者三・二五四人ニシテ、斯ク今回ノ空襲ガ其ノ被害ヲ極メテ軽微ニ止メ得タル……

「前回」の四倍の死者を出した大空襲であるのに、詳細な被害状況や今後の対応策が示されることはない。爆弾一発あたりの死傷者で比較するという数字のからくりで、被害は軽微だというのである。外部に対して報道統制をするだけでなく、政府内部文書でも事実は矮小化された。現地の防空担当者（地方長官、警察・消防担当者など）が防空総本部に対して「防空活動の敗北」を認める報告を提出することはできなかったのであろう。国民に秘匿された内部文書であっても、そこに「空襲の恐ろしさ」が吐露されていれば、政府部内にも狼狽や志気低下を生じかねない。死者三五五人の被害は認めざるを得ないが、外部にはその数字を公表せず、政府内部でも数字のからくりで「被害は軽微」、「防空の成果をあげた」と強調してみせたのである。

この文書には、物的被害のほか特に「民心ノ動向」という項目もある。そこには、「一部市民ハ避難所ニ潜伏シ積極的防空活動ニ出ヅルノ機ヲ失ヒタルモノアリ」とあり、恐怖に震えた市民の様子が垣間みえる。しかし続けて、「一般ニハ志気極メテ旺盛ニシテ闘魂ニ燃ヘ今後ノ空襲ニ備ヘツツアリ」、「人心平穏、毫モ不安ナシ。悪質ノ流言蜚語等ナク、又、物資ノ買ヒ溜メ、預金ノ引出等ノ傾向皆無ナリ」という（前同「第三報」）。もし、多数の市民が恐怖におののき狼狽したとしても、その事実を報告することは許されなかったのであろう。防空指導は貫徹され成果を上げたという建前を中央官僚に報告する、今でいう「事なかれ主義」の最たるものと言えようか。

これ以後、各地の空襲ごとに人心動向の報告書が作成されていく。いずれも「国民ノ志気ハ旺盛」などと決まり切った内容である。建前ばかりの報告書には、犠牲となった市民一人一人の痛みに寄り添う記述は一切ない。

一九四四年六月一五日の小笠原島（父島）への空襲では、一七人が死亡し一一三戸が全焼する被害が生じた。警視庁警務部長作成の「小笠原島ニ於ケル空襲詳報ニ関スル件」には、次の記載がある。

「本空襲ニ於テ精神異状（軽度）ヲ生ジタルモノ子供ヲ失ヒタル為メ一名アリタリ」

死者一七人のうち少なくとも一人が子どもだった。その親の悲しみが、当時の公文書の行間から読み取れる。しかし、同じ被害を繰り返さないための教訓も方針も一切示されない。これ以降も終戦前日まで、空襲で子どもを失った父母の悲痛が日本全土に広がった。

■二■　東京大空襲を受けて、「さらに敢闘努力せよ」

◆空襲前夜のラジオ演説

一九四五（昭和二〇）年三月一〇日、日本は「第四〇回陸軍記念日」を迎えた。東京大空襲は、この奉祝すべき日に行われた。

その前日、陸軍報道部長の松村秀逸は国民向けに陸軍記念日を記念するラジオ演説をした。

その内容は、「昨年末より空襲は激化してきた。今後なほ激化するであろう。しかし、ロンドンもパリもベルリンもモスクワも、断じて空襲では敗れなかった」、「鬼畜米が空襲の激化によって日本の戦意をくじこうなどと思ったならば痴人の夢にすぎない」、「もし敵にして本土に侵攻し来らば、攻むれば全員弾丸となり、守れば一兵城となる。わが大君の統べ給ふ皇軍の真価は遺憾なく発揮せられるであろう。いわんや国体護持、皇土防衛に燃え立つ一億の憤激、火の如きものあるにおいておや、我々は満々たる勝利の確信をもつものである。我々は敵よりも長く戦うのだ、あくまで戦うのだ、私は戦時道徳の最高峰は飽くまで必勝を信じて敵よりも長く戦うことだと思う」、「今や軍も官も民もない。一億悉くが一丸となって、難局の打開に渾身の勇を揮《ふる》わなければならない秋《とき》である」というものであった。国民の安全を守ろうという配慮は一つもなく、全国民が国体護持と皇土防衛の任務を負うことが強調されている。

陸軍大臣の杉山元も、陸軍記念日に寄せて陸軍将兵への布告を発した。そのなかで、「皇土に於ける作戦は外征のそれとは趣を異にし、真に軍を中核とする官民一億結集の戦なり」、「能く武徳を発揚して軍官民同心一体必勝の一途に邁進するに在り」として、本土決戦への国民の覚悟が求められた。

こうして市民は、空襲の危険性も恐ろしさも知らされないまま、ただ「覚悟」だけを抱かされ、東京大空襲およびそれにつづく全国への空襲を迎える。

◆死者一〇万人を出した「盲爆」

一九四五年三月一〇日の深夜未明、約三〇〇機のＢ29爆撃機が低空飛行で東京上空に飛来し、約二〇〇〇トンもの焼夷弾を投下した。東京大空襲である。上空で花火のように爆発したM69集束焼夷弾（親弾）一発から小型焼夷弾四八発がバラ巻かれて落下する。Ｂ29爆撃機一機あたり小型焼夷弾三八四〇発を一気に投下できる。おびただしい量の焼夷弾は、子どもを背負った母親にも突き刺さり、木と紙でできた密集家屋を短時間で焼き尽くした。

東京都江東区を中心とする下町は、強い風にあおられた巨大な火焔に包まれ、人々は逃げ場を失った。隅田川には大量の避難者が飛び込んだが、水中で溺死・凍死した者も数多くいる。

一夜明けた正午、この悲惨な空襲を、大本営発表は次のように報じた。

大本営発表　三月一〇日正午

本三月十日零時過ヨリ二時四十分ノ間Ｂ二九約百三十機主力ヲ以テ帝都ニ来襲市街地ヲ盲爆セリ。右盲爆ニヨリ都内各所ニ火災ヲ生ジタルモ宮内省主馬寮ハ二時三十五分其ノ他ハ八時頃迄ニ鎮火セリ。現在迄ニ判明セル戦果次ノ如シ。撃墜十五機。損害ヲ与ヘタルモノ約五十機。

宮内省主馬寮は午前二時三五分、「其ノ他」は八時頃までに鎮火したという。「其ノ他」の一言で片付けられた被害は、死者一〇万人、焼失家屋二七万戸にのぼる。大本営はこの惨事をもたらした空襲を「盲爆」という。Ｂ29の機数も過少に報告している。

翌一一日付の『朝日新聞』には、「帝都各所に火災発生したが、軍官民は一体となって対処したため、帝都上空を焦した火災も朝の八時ころまでにほとんど鎮火させた」などと、従来同様の「民防空陣の果敢な活動」を賛美する記事が掲載され、あたかも軽微な被害で済んだかのような報道がなされた。しかし、この東京大空襲は、それまでの軍事拠点を標的とした空襲とは比較にならない無差別かつ大規模なものであった。

万全の軍防空を確立すべき首都東京が大規模空襲を受けた衝撃は深く、次は大阪や名古屋など全国の都市が狙われることも予想される。政府は、空襲被害の実相を国民に知らせて、「今までの小規模・散発的な攻撃を想定した対処法では太刀打ちできない」と周知できたはずである。後だから言える話ではあるが、名古屋大空襲までは二日間、大阪大空襲までは三日間の時間が残っていた。しかし政府は、大量の死者を生み出した反省もなく、教訓を得て緊急の措置をとることもなく、事実を知らせようともしなかった。

全国の国民は東京の惨状を知らされず、逃げる機会も与えられないまま順次空襲被害を受けていった。

◆「次は大阪だ、逃げよう」と思う余地はなかった

この時期の記憶について、大阪で空襲を体験した方に聞くと、「空襲を受けるまで、逃げようなんて思い付きもしなかった」、「都会に住み続けるのが当たり前と思っていた」という人が多いことに驚く。それほど情報は統制されていたということか。

たとえば、一二歳のとき第二次大阪大空襲（六月一日）により大火傷と自宅全焼の被害を受けた永井佳子さんは、「空襲の本当の恐ろしさは、自分が経験するまでは分からなかった」、「警報が鳴ると爆弾が落とされると思ってはいたが、なぜか人の住んでいるところには落とされないと思っていた。周囲の人もそう思っていたと思います。その意味で、大変のんきでした」、「防空訓練では、縄をはたきの状態にして水につけて焼夷弾をはたく訓練をしていた。当時は本物の焼夷弾を知らないので、そんなものかと思っていた。」と振り返っている。

一五歳のとき第一次大阪大空襲（三月一三日）で重傷を負った濱田栄次郎さんは、低空飛行のB29爆撃機から落下する焼夷弾が大量の火花を散らすのを見て、思わず足を止めて「美しい」と思ったそうである。「その後の私の人生が、焼夷弾で狂わされてしまうことになるとも知らずに、そう思ってしまった」と濱田さんは回顧する（大阪空襲訴訟の原告陳述書より）。

大阪でも前年の一二月一九日に現在の大阪市平野区と松原市が空襲を受けたのを皮切りに、小規模の空襲は頻発していたが、その被害実態は市民に伝えられなかった。東京大空襲の甚大な被害も知らされない。それゆえ、よほど間近に爆弾や焼夷弾が迫ってくるまでは危険を感じなかったという人が目立つ。大阪大空襲の被害は、そうしたなかで引き起こされた。

◆大阪大空襲――「これくらいの痛手は当然」

三月一三日深夜の大阪大空襲についての大本営発表も、Ｂ29が「盲爆」をして市街地各所に被害を生じたが大部分は午前九時三〇分頃までに鎮火した、という内容であった。

しかし実際は「盲爆」などではなく市内の広範囲が焼け野原になり、戦後の公式資料（大阪府警察局作成）による少なめの数字でみても、死者数は三九八七人にのぼっている。

また、大本営発表によれば来襲した敵機は約九〇機で、そのうち一一機を撃墜し、約六〇機に損害を与えたという。しかし、アメリカ軍側の発表によれば、来襲したＢ29は二七四機であり、そのうち撃墜されたのは二機だけ、損傷を受けたのは一〇機だけとされている。このように敵機の数を過小に発表し、日本軍の戦果を過大に発表したのである。

翌日の新聞にはこうある。

「夜間盲爆に断乎勝抜け　初期防火と延焼防止　最後まで頑張れ」

さる十日の帝都空襲についで、名古屋、大阪と敵は非人道極まる盲爆を繰り返してきた。絨毯爆撃を旗じるしとするルメーのこの極道戦法はかねてから十分予想されていたことだが、我らは何としても敵と戦い最後まで戦ひ抜かねばならない。今こそ軍も官も民も一体となり敵と四つに組んで戦ふときが来たのだ。帝都の被害は大きかった。しかし興亡を賭して戦ふ大戦争に、これくらゐの痛手は当然と思ふべきである。我らはただ一途祖國神州護持の大精神に燃えてただ敢闘するのみである。〈中略〉

焼夷弾攻撃を受けた地区は何故大火となったか、これは一に風のためである。初期消火においては各所において凱歌をあげた。一人で何十発も消したといふ話が沢山ある。しかし空家とか無人家とか、防空上弱点とされてゐるところから火の手があがった。この火の手が相当の風速の風に煽られて大火となったのだ。次に大火の原因としてあげられることは火焰におどろいて、たじろいだためもある。夜間は焼夷弾の燃焼や火災は非常に大きく見えるので、待避壕から出て初期消火にかけつけた者がまた壕の中にもどってしまったといふところが各所に散見せられる。次にあげられるのは初期消火には成功したが、延焼防止・飛火を消すことに注意を怠った。消火は初期消火と共に最後まで気をゆるめず消火に努めて延焼防止あるひは飛火を消すことなどが如何に大切であるかはこれをもってしても判る。

風のために大火になったといえば初期消防は価値のないものと考へるかも知れぬ、しかし我々はあくまで初期消火につとめなければならぬ。〈以下略〉

（『朝日新聞』一九四五年三月一五日付）

わずか四日間のうちに三大都市の空襲により死者一一万人以上、負傷者約五万人、被災家屋は約四三万軒という重大な被害を受けたのに、「これくらいの痛手は当然」と言い、精神論を繰り返す。初期消火や延焼防止が足りなかったとして被害の原因を国民の努力不足に転嫁している。家族や自宅を失って呆然と焼け野原に立ち尽くす市民に対して、まだ頑張りが足りないというのである。この記事は政府発表ではなく新聞社による記事の形であるが、当時の空襲関連の記事はすべて政府情報局の検閲を受けており、政府の意向を汲んだ内容である。

三大都市の大空襲は、もはや初期消火を心掛ければ被害を食い止めることができるといったレヴェルではない。猛烈な火焔が一気に襲いかかって来るのである。「待避所から飛び出してすぐ消火」、「焼夷弾は火叩きで消す」という対処法は役に立たないことが明らかとなったが、その事実はまったく伝えられなかった。

◆「避難せず戦い抜く」の美談——終戦直前まで不変

退去禁止と応急消火義務は、終戦時まで維持された。全国に「焼け野原」が広がっても、恐れをなして逃げることとは「犯罪」とされたのである。

終戦の約三ヶ月前の五月二四日、すでに東京の下町には広大な焼け野原が広がっていたが、さらに麹町・麻布・牛込・本郷など都心部周辺が空襲を受けた。七六二人が死亡し、六万五〇〇〇戸が消失する大被害である。戦後のラジオドラマ「君の名は」で主人公の男女が空襲時の数寄屋橋で再会を約束したのも、この日という設定である。ドラマ上も猛烈な空襲として描かれていた。

この空襲の翌日の新聞には、次の記事が掲載された。記事中にある「警視庁の調査」に基づく記事であり、空襲攻撃に対して果敢に立ち向かう国民像が描かれている。

「避難の足を引返し、戦ひ抜いた都民」

たとひ一部を焦土と化しても、悔いなく戦ひ抜いた二十四日朝のすがすがしさ。三月十日以来都民の敢闘精神をめぐってもやもやしていた暗い影――逃げ足が速い、初期防火を怠って荷物運びに憂身をやつした等々、こんなものは一瞬にふき飛んでしまった。侵入機数に比してこんどの被害は今までの大空襲の中で最も小さかった。警視庁の調査にみるこの輝く記録は、昂る都民の防空士気を端的に証明したものである。〈中略〉

ある街角では一部の人々が家族を避難させ家財の運搬をはじめようとしてゐた。突如一人の指導者が現れ、うごめく民衆に呼び掛けた。「諸君、この区は二度目の罹災である。今われわれが踏止まって頑張らなければ、誰がこの区を護るか」「さうだ、頑張ろう」応へる民衆に躊躇はなかった。即刻家族を呼び戻した民衆は荷物を一箇所に集めて、直ちに戦闘配置についた。風下に立って延焼防止に当らうといふのである。

（『朝日新聞』一九四五年五月二五日付）

このように、激烈な空襲下でも避難を中止し、物資窮乏のもとでも家財を投げ出して、命がけの消火活動に殉じることが美談として描かれた。「突如一人の指導者が現れ……」というくだりは、もはや神がかりの奇跡のようでもある。もとより真偽不明の話であるが、この美談を読んだ読者は「避難することは美徳に反し、社会的非難を受ける。」という重圧を受ける。さらに次のような記事も数多く掲載された。

「腕あわせて職場へ　逞しさ満つる戦災地」

二十四日の空襲による帝都被害地の中心部をまはってみて、実に心がうれしく明るくなるのを禁じ得なかった。かういへば「何をぬかすか、ふざけるな」と戦災者は怒るであらうが、これがありのまゝの感じだ。過ぐる三月十日、四月十三日等の空襲時の気分とは全く異なるものの沸騰だ。

憎い敵機の乱れ飛ぶ一夜あけて、京浜国道の朝は人間の物すごい鈴なり自動車の往来にはじまった。乗せる人、乗せてもらふ人、いまさらめかしい挨拶は抜きにして「頼むぞ」「よしきた」——ためしに一台の自動三輪車の便乗者を子細に数へたら十一人、女子事務員、工員、お巡りさん、それに水兵さんも混ってみんな荷物の上に、おちまい、おとすまいと腕を組み合ってゐる。〈中略〉かうしてみんな一国を失ふまいと各々の持場へ急ぐのだ。かつて空襲のたびごとに「焼け出されて重い足をひきずって歩いている所を情深い運転手さんに助けられてほんとにうれしかった」といふような「美談」が新聞の投書欄などに現れたものだが、まさにこの朝の京浜国道はこの「美談」の洪水であった。〈以下略〉

（『朝日新聞』一九四五年五月二五日付）

甚大な空襲被害を受けて、「心がうれしく明るくなる」とは、もはや尋常ではない。新聞紙上には今回の空襲による死者七六二人、消失家屋六万五〇〇〇戸という被害実態は一言も書かれておらず、被災者や遺族の慟哭が伝えられることはなかった。

国の戦争政策により被害を受けた人々が、戦争の終結を望んだり政治体制の変革を求めたりしないように、被害の根本原因から目をそらさせる手段として、このような「助けあい」が美談として強調されている。今も昔も変わらない宣伝戦略である。

◆原爆に対しても「初期防火」を求める

八月六日、広島に原子爆弾が投下された。防空総本部はこれ以降、三回にわたり原子爆弾への対策を発表した。

八月八日に発表された対策は、「新型爆弾は現地報告によると落下傘のやうなものをつけて投下するもので、大爆音を発し、その爆風偉力《ママ》は強大で、また非常な高熱を発し、相当広範囲に被害を及ぼすものであるが、次の諸点に注意すれば被害を最小限度に止め、かつ有効な措置であるから各人は実行しなければならぬ」として、敵機は一機でも油断禁物、壕内で待避、待避壕に掩蓋がない場合は毛布や布団をかぶって待避する、などという「防御方法」を指示した（『朝日新聞』八月九日付）。

翌九日付で発表された対策は、「軍服程度の衣類を着用してゐれば火傷の心配はない。防空頭巾および手袋を着用しておれば手や足を完全に火傷から保護することが出来る」などというものであり、「以上のことを実施すれば新型爆弾もさほど怖れることはない」と言いきっている。焼夷弾を掴むこともできると宣伝された手袋が、ここでも大活躍するのである（『朝日新聞』八月一〇日付）。

さらに防空総本部が一一日付で発表した「新型爆弾に対する心得」には、「破壊された建物から火を発することがあるから初期防火に注意すること」、「白い下着の類は火傷を防ぐために有効である」、「蛸壺式防空壕には板一枚の蓋でもしておくと有効である」などが挙げられている（『朝日新聞』八月一二日付）。

原爆に対しても、あくまで「初期防火」を求める。無知でなければ、度し難い傲慢さである。熱線、爆風、そして放射能の被害やその恐ろしさについての認識の欠如は悲しいばかりだ。

空襲被災者・原爆被爆者への眼差しは、「国体護持」に突っ走る政府・軍部には欠けていた。

■三■　押収された米軍の伝単（空襲予告ビラ）

◆「爆弾には眼がありません」

戦争末期、米軍機が日本国内諸都市の上空から「伝単（空襲予告ビラ）」を投下するようになった。一九四五年二月一七日に東京都八王子市などに初めて「伝単」が散布されたという記録がある（朝日新聞東京本社企画第一部編『日本大空襲』〔原書房、一九八五年〕一五〇頁）。これは東京大空襲の一ヶ月前である。すでに東京上空の制空権は米軍に握られており、東京上空への飛来は容易になっていた。

伝単の内容は、軍事施設や軍需工場のある都市から逃げろという内容が中心で、「爆弾には眼がありませんからどこに落ちるか分かりません。御承知の様に人道主義のアメリカは罪のない人達を傷つけたくありません。ですから裏に書いてある都市から避難して下さい」、「アメリカの敵はあなた方ではありません。あなた方を戦争に引っ張り込んでゐる軍部こそ敵です。アメリカの考へてゐる平和といふのはたゞ軍部の壓迫からあなた方を解放する事です。さうすればもっとよい新日本が出来上るんです」、などと書かれている。

伝単を投下する米軍の狙いは何か。日本に対し、戦争終結へ向けた圧力をかける目的は当然あるだろう。それと同時に、原子爆弾使用を含めた無差別空襲による大量殺戮が国際非難を浴びないために、「事前予告してから攻撃した」という言い訳づくりとも思われる。非戦闘員を大量殺害しながら、アメリカは「人道主義」の国だという伝単には強い違和感を覚える。

『ニューヨークタイムズ』七月二八日付の一面トップには、実物の伝単が写真掲載され、一一都市への無差別爆撃予告が誇らしげに紹介されている。その見出しは、「いつでも航空隊は東京のように攻撃をする——Ｂ29の司令官は破壊目標一一都市を指名」というものである（Fleet strikes as Tokyo 'Ignores' terms; B-29 chief names 11 cities to be wiped out）。

戦勝ムードの米国の様子が伝わる紙面。そこからは、一般市民の頭上に爆弾を落とすことへの痛みは感じとれない。

◆「一枚といへども国土に存在させぬように」

直ちに回収し、所持を禁止する。――これが、伝単に対する日本政府の方針であった。「敵機が空襲を予告した」という事実そのものが秘匿された。

空襲予告ビラを見て避難し始めた市民を戻らせて空襲被害を拡大した青森市のように、全国で空襲予告は無視さ

写真34　投下された伝単の種類は非常に多い。

The New York Times.

FLEET STRIKES AS TOKYO 'IGNORES' T…
B-29 CHIEF NAMES 11 CITIES TO BE WIPE…
ATTLEE PICKS BEVIN AS FOREIGN MI…

SIX PUT IN CABINET
Dalton Gets Exchequer — Greenwood in Post of Lord Privy Seal
CRIPPS IN BOARD OF TRADE

JOINS BIG 3 TODAY
New Prime Minister Will Fly With Bevin for Resumed Talks
MEETINGS IN FINAL PHASES

A WARNING TO THE JAPANESE DROPPED FROM SKIES

OUSTING OF FRANCO IS SEEN BY LASKI

LeMay Tells Japanese People Where 'Superforts' Will Hit

JAPANESE CABINET WEIGHS ULTIMATUM

写真35　『ニューヨークタイムズ』1945年7月28日付。日本への空襲予告を誇らしく報道。

れた。「予告どおり空襲を受ける前に避難せよ」という指示がなされた例は存在しない。国内で初めて伝単が投下された翌日の新聞は、次のように憲兵司令部課長の言葉を報じている。

「心許せぬ〝紙の爆弾〟　敵の謀略　ビラは必ず届出ること」

敵機は爆弾、機銃掃射とともに一部に紙弾ともいふべき宣伝ビラを撒布した。種類は七、八種におよび、いづれも絵、写真入りであるが、内容は幼稚極まるものばかりだ。しかしながら敵は一億国民の強固な結束を恐れて謀略戦術に出たことは注目され、今後も手をかへ品をかへて紙弾を撒布するものと予想される。愚にもつかぬこの種の紙片も国民が油断していると紙弾の効力を発することになるので、発見した場合すぐ警察、憲兵隊に届けることを当局は強く要望している。右につき憲兵司令部第三課長山村大佐は次の如く語った。

こんど敵機が撒布した宣伝ビラの内容は極めて荒唐無稽のもので、これによって一億国民の旺盛な戦意に何等の影響も及ぼすものではない。然し敵は手をかへ品をかへて一億国民の戦意、団結の破壊を計るものと予想する。元来戦争は戦局の一張一弛によって勝敗を決するものではない。国民の戦意、生産力如何が勝敗を決する重要なる要素であるから、国民はゆめにも敵の謀略宣伝に乗ぜられてはならない。その取扱に無関心であったり、敵側の為にするこの宣伝を流布したりすることは日本人たる己を冒涜することであり、明かな利敵行為である。発見したものは直ちに最寄りの憲兵隊、警察に届け出で、一枚といへどもこれを国土に存在させぬよう厳重に注意しなくてはならない。

（『朝日新聞』一九四五年二月一八日付）

このように国民は、敵国による「空襲予告ビラ」を見ることも、それを見て避難することも、一切許されなかった。そもそも国民は空襲が起きたら命を投げ出して「持ち場」を守ることが任務とされていたのであるから、空襲を恐れて逃げることなど許されていないのである（水島朝穂『武力なき平和――日本国憲法の構想力』〔岩波書店、一九九七年〕九四頁）。

悠然と上空を舞う敵機からの「伝単」の投下。これは、まさに制空権が奪われた敗色濃厚の状態を意味する。当然、国民は多大な不安を抱く。だからこそ政府は、空襲予告ビラを徹底的に回収して事実を隠した。

◆伝単の予告どおり空襲が行われた――救われていたはずの命

伝単により一九四五年七月に空襲予告された一一都市は、予告どおり空襲を受けている。各都市の空襲被災日と死者数は次のとおりである。

青森　（七月二八日）　死者一七六七人
西宮　（八月六日）　死者七一六人
大垣　（七月二九日）　死者五〇人　※罹災者は三万人
一宮　（七月二八日）　死者七〇〇人
久留米　（八月一一日）　死者二一二人
宇和島　（七月三〇日）　死者一〇〇人
長岡　（八月一～二日）　死者一四七六人
函館　（七月一四・一五日）　死者四二五人
郡山　（七月二九日）　死者三九人
津　（七月二八～二九日）　死者三四四人、行方不明三八人
宇治山田（七月二八～二九日）　死者一九二人
東京　（八月一〇日ほか）　死者約二〇〇人（八月一〇日だけで）

この一一都市以外にも、空襲予告の伝単は投下された。水戸市（八月一～二日、死者一五三五人）、八王子市（八月一

〜二日、死者二九〇〇人)、富山市(八月一〜二日、死者三〇〇〇人)などで、予告どおりに空襲が行われた。

これらの死者は、せめて空襲予告以後に退去・避難が認められていたら救われた可能性が高い。

なお、「宇治山田」は現在の三重県伊勢市である。軍需都市ではなく人口も少ないが、日本国民の精神的支柱である伊勢神宮が鎮座する神道都市であり、戦意喪失の効果を狙って標的とされた。日本政府もそれを予期して、『時局防空必携』改訂版の配布先(全国四七都市)に宇治山田を含めていた(本書五三頁)。

■四■ 「人貴キカ、物貴キカ」——空襲直後の帝国議会

◆焦土に立つ議事堂で

空襲からの避難を認めない政府方針。これは、東京大空襲の惨事に直面しても変わらなかった。

東京大空襲の翌日、第八六回帝国議会の衆議院本会議が約一ヶ月ぶりに再開された。開会を告げた岡田忠彦衆議院議長は、開口一番、空襲後に天皇に拝謁したことを報告し、硫黄島で戦闘中の栗林忠道陸軍中将へ激励電報を送ったことを報告した。

次に小磯國昭首相が「本土戦場ヲ覚悟セネバナラヌ」とする戦況報告演説を行った。前日の大空襲については「罹災者ニ対シテハ深甚ナル同情ヲ表スル」と述べながらも、本土戦場化に向け「職場ニ、防衛ニ、輸送ニ、国民悉ク戦列ニ就キ、断ジテ我ガ国体ト我ガ国土トヲ護リ抜カンコトヲ要望スル」とさらなる戦争協力を求めた。国民に「同情」はするが「謝罪」は一切しないのである。

空襲の状況報告に立った米内光政海軍大臣は、「敵航空機ニ対シ相当ノ損害ヲ与ヘマシタガ、其ノ艦艇ニ対シテ

ハ大ナル損害ヲ与ヘルコトガ出来ナカッタ」、「全軍ノ士気ハ正ニ壮烈デゴザイマス」などという悠長な演説をした。壮絶な空襲を目の当たりにしたうえでの究極の「強がり」である。大達茂雄内務大臣は、罹災者の状況を視察したところ罹災者が多数なので救援に行き届かぬ点が多いと報告したうえ、「一般ノ人心ハ平静デアリマシテ、特ニ罹災者ノ方面ニ於キマシテハ此ノ非常ナ惨苦ニモ堪ヘテ、黙々トシテ善処セラレツ、アルコトハ洵ニ心強イ次第デアリマス。願クハ益々戦ヒ抜ク牢固タル決意、強靭ナル神経ガ養ハレンコトヲ切ニ念願シテ居ル次第デアリマス」と述べている。家族も家も財産も失った罹災者が、国に頼らず「黙々トシテ善処」することを讃える。現代につながる、都合のいい「自己責任論」の思想が垣間みえる。

敢闘精神を鼓舞する演説に拍手が湧く場面もあった。その一方で、空襲を他人事のように語る政府側答弁に対してはヤジで騒然となることもあった。特に、防空体制の強化や空襲警報の的確化を求めた金光庸夫衆議院議員に対する小磯首相の答弁には不満が集中した。速記録には次のように記録されている。

……防空総本部ヲ強化シテ其ノ目的ヲ達成スルコトトシタノデアリマス（発言スル者多シ）
……空襲警報ノ迅速的確ヲ期スル等ニ依ッテ其ノ目的ヲ達スル見込ミデアリマス（「口先バカリデ何ダ」ト呼ビ《ママ》其ノ他発言スル者多シ）
……（産業労務体制の強化については）目下具体的方策ニ付キ着々研究ヲ準備シテ居リマス（「研究ヂャ駄目ダ、実行デナケレバ駄目ダ」ト呼ビ《ママ》其ノ他発言スル者多シ）

（衆議院本会議・一九四五年三月一一日）

もと陸軍大将でもある小磯首相に対して、次々にヤジが飛び交う荒れた国会。当時としては異例の光景である。さすがに戦争自体に反対するヤジはなかったが、東京大空襲を受けて政府・軍部への不信感が強まったことがうかがえる。

◆「火は消さなくてもよいから逃げろ、と言っていただきたい」——大河内輝耕議員、気迫の質問

そんな帝国議会で、気迫の質問をした議員がいる。貴族院議員・大河内輝耕である。東京大空襲の四日後に開催された貴族院本会議の秘密会議。大達茂雄内務大臣による空襲被害状況の報告を受けて、大河内議員は、「人貴キカ物貴キカ」（貴族院秘密会議事速記録・三月一四日）と追及し、次のように質問した。

此ノ次ハ東京ガ全部ヤラレルカモ知レヌ、恐ラクヤラレルデセウ、其ノ場合ニ人ヲ助ケルカ物ヲ助ケルカ、ドッチヲ助ケルカ之ヲ伺ヒタイ、私ハ人ヲ助ケル方ガ宜イト思フ、……ソレガ宜イトスレバ、一ツ内務大臣カラ十分ニ徹底スルヤウニ隣組長ナリ実際ノ指揮ヲスル者ニ言ッテ戴キタイ、火ハ消サナクテモ宜イカラ逃ゲロ、之ヲ一ツ願ヒタイ

これに対して大達内相は、「ドウモ初メカラ逃ゲテシマフト云フコトハ是ハドウカト思フノデアリマス」と答弁し、人命救助を優先すべきとの答弁は拒否した。

大河内議員は引き下がらず、「逃ゲ場所ヲ予メ作ッテ置クト云フコトハ御答ガナイヤウデアリマスガ」と批判して、次のように続けた。

私ノ御尋シタイノハ、第一ノ避難場所、夜火災ガ起ッタラ何処へ逃ゲテ行クト云フコトノ場所ナンデス、其ノ場所ノ設備ガ十分デナイ、例へバ逃ゲテ宜イヤウナ場所ニ余計ナ建物ガアッテ見タリ、余計ナ設備ガアッテ見タリスル、サウ云フモノヲ綺麗ニシテ、何時デモ受入レラレルヤウナ態勢ニシテ置キナスッタ方ガ宜カラウ……

これに対する大達内相の答弁は、「特ニ避難場所トシテ広場ヲ作リ或ハ邪魔ナ物ヲ取除ケテ置クト云フ、斯ウ云

フ所迄ハ致シテ居リマセヌ。」という冷淡なものであった（貴族院秘密会議事速記録集・下巻）。人命救助を優先する施策は、終戦時まで採用されず、答弁の中身は空襲前と変わらなかった。

この審議がなされた当時、国会議事堂の周辺は空襲による焼け跡が広がっていた。敵機の攻撃目標とならないための「偽装」により議事堂の外壁は黒く塗られていた。

大河内議員は、三日前の三月一一日の午前に開かれた本会議でも質問に立ち、前夜の東京大空襲の被害について次のように政府を追及していた。

……疎開ト云フヤウナコトハ平素カラ、ズット前カラ我々ハ主張シテ居ッタ、処《トコロ》ガ政府ハ一向ニ聴カナイ、ソレデヒドイノニナルト、疎開スルヤウナノハ非国民ナンダト、ソンナコト迄言ヒ出シタ。……昨日ノ被害ガドウ云フ風デアッタカ、死傷者ガドノ位出マシタカト云フコトハ申上ゲル迄モナイ、疎開ガ遅レルトア、云フ結果ニナル

（貴族院本会議・一九四五年三月一一日）

空襲の犠牲者数を明らかにしないことへの揶揄も込めて、都市からの退去・疎開を制限してきた政府を明確に批判しているのである。

大河内輝耕は、上州高崎藩最後の藩主・大河内輝聲の子として一八七八（明治一一）年に生まれ、一九二四年四月に貴族院補欠選挙に当選して以来、一九四七年五月まで二四年にわたり貴族院議員に在任した。大政翼賛会への政府予算支出に反対する演説（貴族院本会議・一九四一年三月一日）や、東条英機首相らによる翼賛選挙への徹底追及（同本会議一九四二年三月二五日、一九四三年二月三日）で知られる。衆議院の圧倒的議席が大政翼賛会に占められ、反軍演説をした斎藤隆夫が除名されるなど議会が形骸化していくなかで、貴族院から進歩的な主張を発信し続けた大河内議員の功績は大きい。

終戦後の大河内は、子爵（華族）である立場から華族制度の廃止を主張し、封建的な家制度を新憲法案に復活させることにも反対した。政治姿勢が評価されたのか、政府が戦争責任解明のため設置した「戦争調査会」の委員にも選出されている。その後一九五五年に逝去し、現在は埼玉県新座市野火止（平林寺境内）にたたずむ大河内松平家の墓所に眠っている。

◆消火活動による犠牲を認めつつ、それでも「戦い抜け」

大河内輝耕貴族院議員の「人貴キカ物貴キカ」という質問は、防空法制を根本から見直すよう迫るものとして議会に衝撃を与えた。その四日後の三月一八日には、衆議院本会議でも、安藤正純議員が「防火カ待避カ、物ガ主デアルカ、人ガ主デアルカ」と述べたうえで次のように質問している。

> 防火ニ見切リヲ付ケテ、待避ニ勇ナルコトモ亦帝都ヲ護ル所以デナクテハナリマセヌ……〈中略〉……勇敢ニ奮闘シタ人ガ、多ク劫火ノ犠牲トナリマシタノハ、是ハ忠実ニ平生訓練セラレタル所ノ、機動的運用ノナイ防火ノ方針ヲ守リ通シタ結果ニ外ナラナイノデアル……〈中略〉……政府ハ国民ガアノ帝都下町ノ廃墟ニ立ッテ、是ガ政府ノ施策ノ残骸ダト歎声ヲ発スルニ顧ミテ、此ノ人心ノ不安ヲ速カニ一掃シナケレバナラナイ……
>
> （衆議院本会議・一九四五年三月一八日）

空襲後も人心は平静だと強調する政府側に対して、焼け跡の廃墟を「政府の施策の残骸」だと嘆く被災者の声を対置した安藤議員。大政翼賛会には加わらず反軍的姿勢を貫いた議員らしい気骨を感じさせる。これに対する大達内務大臣の答弁は、相変わらず消火活動の奮起を求める内容であった。

先般ノ大火災ニ於キマシテ、隣組初期防火並ニ官設消防ガ最後マデ踏ミ止マッテ、非常ナ敢闘ヲ致シマシタ結果、或ハソレガ為ニ是等ノ人々ノ間ニ多数ノ犠牲ヲ出シタカト思フノデアリマス……〈中略〉……一般隣組ノ人々マデガ、斯クノ如キ敢闘ノ気持ヲ以テ戦ヒ抜イタト云フコト、是ハ今後戦争ヲ戦ヒ抜ク上ノ要点デアラウト思ヒマスノデ、此ノ気持チ沮喪サセルヤウナコトハ致シタクナイ、左様ナ配慮ノ下ニ今後ノ指導ヲ努メテ参リタイト思フノデアリマス

（衆議院本会議・一九四五年三月一八日）

大達内相は、政府が指示した消火活動の結果として「多数の犠牲」が生じたことを認めたのである。それでも軌道修正は一切せず、さらに最後まで戦い抜くよう指導するという答弁。そこには、猛烈な火焔のなかで無念の死を遂げた一人ひとりへの謝罪や反省は微塵もない。

◆防空法制は何を守ろうとしたか

特高あがりの内務大臣・安倍源基は、後にこう語っている。

「私は、東京に対する一九四五年五月二三日～二五日の空襲後東京の民防空手段は、日本の他の場所のものと同様に無益な努力であると考えられたものと信ずる」（『東京大空襲・戦災誌』〔東京空襲を記録する会、一九七三年〕三巻七六一頁）。

「無益な努力」のために市民を動員し、あげくの果てに死ぬ必要のない多数の命を奪った責任はどうなるのか。防空法制とその運用実態の全体を貫いていたのは、過度の精神主義である。この精神主義的姿勢が、最初から、市民に誤った防空認識を与えた。逃げ遅れた市民が出たのも、ここに原因の一端がある。

東京大空襲の後、「人貴キカ物貴キカ」と大河内議員は問うたが、精神主義をモノに託して、それに傾倒させ、守らせることによって市民を統制する手法がとられたことも大きな特徴である。数々の「防空マニュアル」、防毒

マスク、防毒蚊帳、燈火管制用の覆布……。そして奉安殿とご真影。まさにモノが、市民を一つの方向に向かわせ、市民を道具として活用するために働いたのである。

高射砲や迎撃戦闘機の量的・質的不十分さなど、軍が主体となる「軍防空」の敗北は明らかだった。また、消防の専門家が指摘していたように消防車や消防水利の充実、人員の配置などを含む合理的な消防対策もなかった。そうした状況を糊塗し、市民を戦争に駆り立てるための道具として、民防空はあった。

戦争への参加意識を高めるために、防空訓練や毒ガス訓練が行われた。避難を禁じて、現場での「初期消火」を義務づけたのも、市民を戦士化して国家を守るという発想に基づくものである。そこには、市民の生命・生活を守るという視点はない。防空法はあくまでも「国家」を空襲から守ろうとしたものだった。人命や個人の自由の尊重を貫けない国家体制の必然的結末といえようか。

◆防空法制の終焉

一九四五年八月二〇日、燈火管制が解除された。戦争の終結が宣言されてから五日間、法的には燈火管制義務は存続していたわけである。

八月二二日午前零時を期して、防空総本部長官は「防空実施の終了」を発令した。その前日の八月二一日、山崎内務大臣は次の談話を発表した。

昭和十六年十二月八日、防空実施命令を出してより三年九ヶ月の間、国民各位は民防空の遂行に献身の努力を捧げて参った。特に防空従事者諸君の一身一家を顧みざる健闘と一般国民諸君の昼夜を分たざるの敢闘とは今更の如く感謝に堪へない。関係各方面の努力にも拘わらず幾多の都市は灰燼に帰し生命財産を失ひ多数の罹災者を出すに至ったことは遺憾の極みである。

戦災地の復興に関しては政府において十全の措置を講ずる決意である。防空の終了に際し深甚なる感謝と御同情を申上ぐる次第である。

（『朝日新聞』一九四五年八月二三日付）

防空法は、一九四六年一月三一日をもって廃止された。

◆民防空体制への反省の弁は

都市から逃げるな、火を消せ――この義務づけが、多数の国民を死に追いやり悲惨な被害をもたらした。防空体制を進めた当事者からも、反省の弁が出ている。

一九四四年九月から一九四五年六月まで警視総監の職にあった坂信弥は、東京大空襲を回想して、次のように述べている。

さて、私はここで忘れることのできない痛烈な思い出をしるさなくてはならないであろう。これはわが生涯における最大の痛恨事であった。

そのころ東京はすでにB二九の空襲を受けていたが、まだその数は二機、三機と少なかった。私は空襲があるたびに真夜中でも現場におもむいてその消火の状況を見回っていた。しかし、水の出ぐあい、消防自動車のかけつけ方から見て、私はB二九が大挙襲来した場合は手のほどこしようがないことを知った。

町では消火のためにはあくまでも踏みとどまることを前提として防火演習が続けられていたが、私は場合によっては都民に避難命令を出さなくてはならないと思ってい

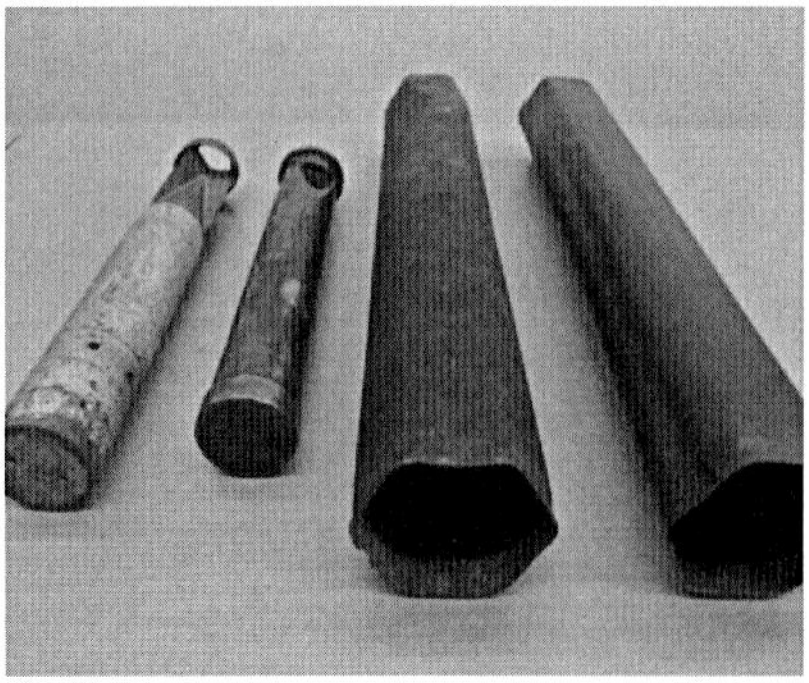

写真36　M69集束焼夷弾（右2本）。テルミット焼夷弾（その左）。なお、左の白っぽい焼夷弾は、ドイツ空軍がロンドンに投下したもの。

た。〈中略〉

私の不吉な予感通り、その夜おそくB二九の大編隊が東京の下町一帯を襲った。防火を放棄して逃げてくれればあれほどの死人は出なかっただろうに、長い間の防空訓練がかえってわざわいとなったのだ。また、私が思った通り、事前に退避命令を出すよう関係方面と協議していたら、あのように多くの犠牲者は出さずにすんだだろうに……私のほかだれもがそういう事態を予想する人がなかっただけに、よけい悔やまれる。全くあい済まないことをしてしまった。

〈坂信弥『私の履歴書』（『東京大空襲・戦災誌』〈東京空襲を記録する会、一九七三年〉四巻一〇〇四頁より引用）〉

警視総監であった者が、当時の防空義務が空襲被害を拡大したことを悔やんでいる意味は大きい。

二〇〇五年三月、防衛庁防衛研究所戦史部事務官である氏家康裕は、空襲による大きい被害が生じた理由の一つとして、物資不足により民防空への資源配分が後回しにされたことを指摘するとともに、「旧憲法下においては国民は主権者ではなく、その人権、生命・財産の保護は今日ほど重視されていなかったのではないか」と述べている（「国民保護の視点からの有事法制の史的考察——民防空を中心として」戦史研究年報第八号）。それ自体は至極まっとうな分析である。その反省のうえに立つのであれば、有事法制・国民保護法制の名のもとで同じ過ちを繰り返してはならない。

エピローグ――防空法とは何だったのか

■一■　防空法制研究が切りひらいた大阪空襲訴訟

◆戦後六三年目の提訴

二〇〇八年一二月八日。一八人の空襲被害者が、多数の報道記者にカメラを向けられながら、大阪地方裁判所の正面玄関へ入場した。平均年齢は七〇歳。空襲被害に対する補償と謝罪を求めて国を提訴した「大阪空襲訴訟」である。

原告らは、空襲によって手や足を失うなどの障害を負い、あるいは家族や財産を失う被害を受けた。それぞれの思いと人生を抱いた原告は、第二次提訴により合計二三人となった。

六歳のとき鹿児島県薩摩川内市で空襲にあった安野輝子さんは、爆弾の破片で左足を奪われ、出血多量で死線をさまよった。入院した病院にも機銃掃射が襲いかかり、退院後には再び空襲を受け、母に背負われて火の粉を振り払いながら逃げまわった。幼い少女は「足は生えてくる」と信じたが、それはかなわなかった。障害への偏見に苦しみながら戦後を生き抜いてきた。

藤原まり子さんは、終戦の年の三月一三日に大阪市阿倍野区で生まれ、二時間後に大阪大空襲に遭った。運び込まれた防空壕に焼夷弾が落下し、うぶ着が燃えて大火傷をした。左足はケロイド状態になり、膝の関節が曲がったままになった。変形した左足に補助具を付けて生活していたが、一三歳のときに左足を切断して義足を付けることになった。自分の誕生日は、自分の左足が不自由になった日でもある。だから藤原さんは、三月一三日に誕生日のお祝いをしたことがない。

一九四五年六月七日、当時一二歳だった小林英子さんは、大阪市都島区で空襲にあった。焼夷弾が落下して鉄の塊りが右足を叩き割り、ザクロのように肉がむき出しになった。病院へ運び込まれて、麻酔薬もないまま大人四人に身体を押さえられて手術を受け、激痛で気を失ったという。女学校に入学して二ヶ月目だったが、三年間の入院生活を余儀なくされて二度と学校へ通えなかった。いまも足の障害を抱えている。

どの原告も、あの戦争と空襲によって人生を狂わせられ苦難の人生を歩んできた。

◆「運が悪かった」と言い放った厚生大臣

なぜ、戦後六三年も経ってから提訴したのか。その道のりに答えがある。これだけ長期間の忍耐を強いられたこと自体に、空襲被害者のおかれた状態が表れている。

戦時中は「戦時災害保護法」などにより民間人の被災者も補償の対象とされていたが、同法は戦後まもない一九四六年九月に廃止され、空襲被害者への援護制度は消滅した。その後、政府と雇用関係にあった軍人・軍属、引揚げ者、被徴用者などは恩給制度その他の補償措置を受けるようになった。他の類型の戦争犠牲も、各種法律の制定や解釈変更を通じて不十分ながら救済されるようになったが、空襲被害者だけが不当に放置されている。

諸外国では、軍人か民間人かを問わず、戦闘参加者か空襲被害者かを問わず補償するのが趨勢である。それと比べても日本の状況は異常である。

被災者らは一九七二年に「全国戦災傷害者連絡会」を結成し、国会議員への立法要請を強めた。野党共同提案による「戦時災害援護法案」は、一九七二年から八九年まで一八回にわたり提出された。しかし、ことごとく審議未了のまま廃案となる。一九九〇年には下条進一郎厚生大臣との面談が実現するが、一四歳のときに防空壕に入って火だるまになり全身にケロイドの残る被災者・小見山重吉さんに対して、下条大臣は「防空壕に入ったあんたは運が悪かったんや」と言い放った。

大臣までもがこのような認識であることに愕然とする。もはや最終手段として裁判に訴えるしかなくなった。高齢化する空襲被災者が「生きているうちに救済を」と願って提訴したのである。

◆先行する裁判例——名古屋大空襲訴訟

空襲被害者らが国に対して謝罪と補償を求める訴訟は、これまで四件が起こされてきた。

・名古屋大空襲訴訟（一九七六年八月提訴）
・東京大空襲訴訟（二〇〇七年三月提訴）
・大阪空襲訴訟（二〇〇八年一二月提訴）
・沖縄戦被害国家賠償訴訟（命どぅ宝裁判、二〇一二年八月提訴）

各訴訟団はいずれも、国が空襲被災者への救済立法を制定しなかったこと（立法不作為）の違憲性を主張した。どのような理論構成をとるかは、それぞれの弁護団が独自に方針を立てる。

最初に提訴された名古屋大空襲訴訟において、原告側は防空法による消火義務の存在を指摘し、軍人と同様に市民も危険な義務を負わされたのだから、戦後の補償において平等に扱うべきだと主張した。この点について名古屋高等裁判所の控訴審判決は、次のように述べて国の責任を否定している。

名古屋高裁・一九八三年七月七日判決

防空法に定められた応急消火義務は、空襲という戦時危難に際し、自己又は他人の生命、身体、財産等に対する被害を最小限に食い止め、これにより、社会一般の被害の拡大を防止することを目的とするものであって、戦時危難に対する国民の一般的な義務を定めたものであり、特にこの義務を遂行することが、軍人軍属等に課せられた義務と同視することはできない〈判例時報一〇八六号一一一頁〉

本書で詳しくみたとおり、消火義務は判決がいうような「自己又は他人の生命」を守るためのものではない。国家あるいは戦争推進体制を守るためのものである。また、「社会一般の被害の拡大を防止することを目的とする」という点も誤りである。むしろ防空法の存在が空襲被害を拡大したのである。なお、この論点については、次に紹介する最高裁判決は全く触れていない。

もう一つ、原告らの請求を斥ける理由として裁判所が採用したのは、「戦争損害受忍論」である。名古屋大空襲訴訟の最高裁判決は次のようにいう。

最高裁第二小法廷・一九八七年六月二六日判決

……上告人らの主張するような戦争犠牲ないし戦争損害は、国の存亡にかかわる非常事態のもとでは、国民のひとしく受忍しなければならなかったところであって、これに対する補償は憲法の全く予定しないところというべきであり、〈中略〉その補償のために適宜の立法措置を講ずるか否かの判断は国会の裁量的判断に委ねられる〈中略〉。

そうすると、上告人らの前記主張にそう立法をしなかった国会ないし国会議員の立法不作為につき、これが前示の例外的場合〔注：立法不作為の違憲〕に当たると解すべき余地はないものというべきであるから、結局、右立法不作為は、国家賠償法一条一項の適用上、違法の評価を受けるものではないというべきである。

（判例時報一二六二号一〇〇頁）

最高裁は、およそ戦争損害に対する補償は「憲法の予定しないところ」であり、補償の不存在が違法となる「余地はない」という。その実質的理由は何も語られていないに等しい。あらゆる補償の対象から、戦争損害を除外する理由は一切見当たらない。しかも、戦争放棄を宣言する現憲法が、国家の戦争行為によって生じた損害の補償を予定しないというのは余りにも不合理である。

「防空法制の肯定」と「戦争損害受忍論」。大阪空襲訴訟の弁護団にとって、これらの判例を変更することが重要な課題となった。

◆防空法制を裁判所で主張する意味

防空法制について訴訟で詳細に主張する意味は、「危険を生じさせる先行行為を行った者は、それによって生じた被害を賠償する責任がある」という法律理論（先行行為論）を適用させるところにある。つまり、日本政府が自ら防空法制や情報統制を実施して空襲被害を拡大させるという先行行為を行ったのであるから、それによって生じた被害に対して国は救済をする義務があり、その義務を果たさず救済立法を制定しないこと（立法不作為）は違法と評価されるべきである。

とりわけ空襲被害の発生する道筋は、不可抗力の自然災害後の国民を放置したというような「不作為」とは大きく異なっている。防空法を制定して国民に義務を課すという積極的な「作為」が存在している。作為に起因する被害に対しては、なおさら補償をするべき高度の義務が生じるはずである。

こうした論理構成の基礎として、防空法制についての主張は極めて重大な意味をもつ。その主張にあたっては、ただ防空法という法律の存在を主張するだけでは足りない。法制度や社会実態を明らかにして、国民がどれだけ「逃げるな、火を消せ」という重圧に縛られていたかをリアルに立証する必要がある。そうでなければ、「防空法は国民を守るためのものだった」という先行判例の呪縛を脱することができない。

このほか弁護団は、著しい格差を放置することの平等原則違反（憲法一四条違反）を主張の柱に立てた。戦時中は不十分ながらも存在していた被災者援護制度が終戦直後に廃止された問題点、空襲被災者と軍人が同じ障害を負った場合における補償額の格差、などを主張した。

◆三年にわたる法廷審理、そして一審判決

戦後は「戦災孤児」あるいは「浮浪児」とされて十分な救護策を受けられないまま戦後を生き抜いた原告。身体に火傷や障害を抱えたまま苦難の道のりを歩んできた原告。その人生そのものが、救済立法が制定されないことの違法性を体現している。二〇〇八年一二月の提訴から三年間に、大阪地裁で開かれた口頭弁論は一〇回。毎回、原告が一人ずつ渾身の意見陳述をした。

裁判のクライマックスは、二〇一一年二月二八日と三月九日。両日とも大法廷を一日貸切にして審理が行われ、法廷は約九〇人の傍聴者で埋め尽くされた。原告は空襲経験や戦後の苦難の道のりを証言した。また、防空法制と戦争損害受忍論について意見書を提出した研究者が、法廷で証言した。

七月七日の最終弁論。原告側弁護団は、合計四六〇ページにおよぶ最終書面を提出し、弁護士五人が一時間にわたり法廷で弁論した。

一二月七日、法廷で判決が言渡されることとなった。原告・弁護団、そして満席の傍聴者らが固唾を飲んで見守

るなか、三人の裁判官が入廷し、正面壇上に並んで着席する。裁判長は原告らを一瞥して軽く会釈するように見えた。そして静かに主文を読み上げた。

「一．原告らの請求をいずれも棄却する。二．訴訟費用は原告らの負担とする」

完全な原告敗訴。ある程度予想していたとはいえ、三年間にわたる裁判を続けてきた原告らは落胆を隠せない。法廷では静かに判決要旨が読み上げられた。判決後、原告の安野輝子さんは「六六年間の苦しみを分かってほしかった。落胆と怒りを覚えます」と肩を落とした。

大阪空襲訴訟
「消火義務で逃げ遅れ」
原告　補償論拠に国法令
「我慢　なぜ市民だけ」

写真37　『朝日新聞』2009年6月4日付（大阪版）日本の司法史上初めて防空法制について審理された大阪空襲訴訟を報道。

裁判所から手渡された判決書は、分厚くて重かった。実質的な判断部分はＡ４版四〇ページであるが、これに原告の主張を要約したものが約二〇〇ページにわたって添付されていた。歴史に耐える重みがあるか否かは別である。

判決は、空襲被害者に対する補償立法を制定するべき義務（国会による立法義務）を認めなかった。まず、憲法一四条（平等原則）以外の各規定からは、空襲被害の補償を求める憲法上の「具体的権利」を導くことは困難であるとした。また、憲法一四条に照らしても、戦後補償を受けた人々（軍人・軍属、原爆被爆者など）と、受けていない原告らとの間の不平等の度合いは、違法といえるまでの重大な差別には至っていないとした。原告らは、「これ以上さらなる重大な差別を受けなければ救済されないというのか」と憤った。

◆司法史上初めて、防空法制を詳しく認定

原告敗訴判決であるが、判決の評価は、判決主文だけでは判断できない。結論を導く過程において、どのような事実が認定されているかが重要となる。防空法制については注目すべき点がある。被告・国は「防空法制が功を奏して被害は僅少で済んだ」と主張していたが、判決はこれを排斥し、防空法体制がもっていた構造的問題性について、司法史上初めて認定したのである。

弁護団が提出した証拠を引用しながらの事実認定は五頁にわたっている。防空法による退去禁止規定や、内務大臣の発した通牒「空襲時ニ於ケル退去及事前避難ニ関スル件」による退去禁止の方針。さらには防空法違反の罰則、隣組の組織化、防空体制に関する意識付けの変化などにも言及している。「隣組が第一次的に防空活動をすることとされた」、「防空壕」の呼称は「待避所」に変更され、「簡易で安全性の低い待避施設が全国で設置されるようになった」、などの事実も認定された。

「空襲に関する情報の統制」という項目では、空襲予測を一般国民に伝達しない方針が認定され、「現実に空襲が開始された後も、新聞等ではその被害の実態は正確に報道されず、空襲被害者が、報道等によって他の空襲被害の実態を正確に知ることはできない状態にあった」と判示している。

防空法制は被害防止のためだと肯定的に判示した名古屋高裁判決に比べれば、この大阪地裁判決は視野が広い。防空法に基づく退去禁止と消火義務だけではなく隣組や情報統制まで含めて、空襲下の国民がおかれた状況を理解しようという姿勢がみえる。

問題は、そのことが現在において国が立法すべき作為義務に結びつくか否かである。立法作為義務と防空法との関連について、今回の判決は次のように述べている。

被告が、……防空法を改正して退去を禁止できる場合を定め、原則として退去をさせないようにする趣旨の指示を直接的又は間接的に行い、隣組として防火活動をすることを求めるなどして、事前退去をすることが事実上困難といい得る状況を作出したことなどは、前記認定事実から認められる

ここは重要な意義のある判示である。しかし、ここから立法義務を導くのではなく、次のように続けていう。

……が、開戦や防空体制そのものは、戦時体制として、原告らのみならず国民一般に対し及んでいたものである。そして、開戦や上記の防空体制と原告らの主張する被害との関連をみると、退避せずに被害を受けた者、退避をしたが直接の被害を受けた者、肉親が退避しなかった者など、その先行行為が与えた影響も様々なものがあるのであって、このような事情を考慮すると、これらの全体を含めて救済を図るべき立法措置を執る義務を認める条理があるともいえない。

防空法が被害を拡大した可能性があることに踏み込んだところは大きく評価できる。しかし、被害の態様も「いろいろ」、先行行為への影響も「いろいろ」というところで思考を止めてしまったのである。この点は原告弁護団にも悔いが残る。防空法の構造的問題と「先行行為」との関係を、より緻密に論証していく努力が必要である。あと一歩、立法義務の扉を開くことはできなかった。軍人との関係での平等原則違反も認定には至らなかった。

◆「戦争損害受忍論」は採用せず

なお、この一審判決の注目すべき点として、戦争損害受忍論をとらなかったことがある。

今回の大阪地裁判決はこの立論を採用せず、戦後補償と憲法一四条（平等原則）との関係を次のように指摘した。

……戦争被害を受けた者のうち、戦後補償という形式で補償を受けることができた者と、必ずしも戦後補償という形式での補償を受けることができない者が存在する状態が相当期間継続するに至っており、上記の差異が、憲法上の平等原則違反の問題を全く生じさせないと即断することはできない

もって回った言い方であるが、これは完全な自由裁量論を採用したわけではなく、平等原則違反を導出する余地を残していると言えよう。最高裁判決のように戦後補償の不存在が違法となる「余地がない」という立場とは根本的に異なっている。ここに今後の展望がある。

続けて判決は、原告らが受けた多大な労苦や苦痛を考えれば「政策的観点において、他の戦後補償を受けた者と同様に、原告らに対する救済措置を講じるべきという意見もあり得るところではある」とも指摘した。この部分はもっともである。しかし結局、戦争被害は多様であり「多分に政治的判断に委ねざるを得ない」というところで立ち止まってしまった。

戦闘で右腕を失った軍人と、空襲で右腕を失った民間人との間に、腕がないという点では差異はない。両者を区別せず同じ金額が支給される仕組みこそが合理的である。これを別異に取り扱うことは、法律的判断としても政治的判断としても実に不合理である。しかし判決は、「国会の立法裁量に逸脱があるといわざるを得ないような、明らかに不合理な差異」には至っていないとして、平等原則違反を認めず、立法による救済の義務も認めなかった。

◆大阪高裁判決も認定した防空法制

原告らは一審判決には納得できず、大阪高等裁判所に控訴した。

控訴審判決の言渡しは二〇一三年一月一六日。ほぼ一審と同じ理由により原告の控訴を棄却した敗訴判決である。

提訴から四年余りにおよぶ裁判闘争を続けた原告らの願いは再び斥けられた。

控訴審判決は、一審判決の多くを維持した。防空法制についての認定も維持された。そのうえ、さらに次のような判示も加えて、国民が「危険な状況に置かれた」と認定した。

……昭和一九年一二月一日付け朝日新聞に、小幡防空総本部指導課長の談話として、焼夷弾は手袋をはめてつかんで投げ出せばよいとの記事が掲載されるなど、総じて、当局が、民間防空として初期消火に積極的に当たらせるなどの目的から、焼夷弾の脅威を過少に宣伝していたことがうかがわれ、これを信じて早期に避難せず初期消火に当たった国民が、その分危険な状況に置かれたものと評価することができる。

さらに控訴審では、国側が一審判決に対して「事前退去が困難だったという認定は誤りである」と反論し、疎開政策があったから地方へ退去できたと主張していた。これに関して控訴審判決は、以下のように一蹴した。

……当時の疎開政策は、あくまでも国土防衛の目的から策定されたものであり、生産、防衛能力の維持に必要な人材に対しては、疎開を原則として認めないものとし、これらの者に対しては身を挺して防火に当たるよう求める一方で、上記防空に足手まといとなるような老幼妊産婦病弱者は優先的に疎開させるという方針を同時に示しているものであり、無条件に国民の疎開を推し進めるものではなかった。また、被控訴人〔国〕は……大阪空襲当時、事前退去をすることが事実上困難といい得る状況を被控訴人が作り出したと認定すべきではないと主張するが、少なくとも開戦当初は、一般的に退去を行わせないという方針を掲げ、隣組として防火活動に従事することが国民の責務であるといった思想を植え付けるなどして、事前退去をすることが事実上困難といい得る状況を作出していたと認められる。

この部分は、原告らを敗訴させるだけなら敢えて言及しなくてもよいところを、わざわざ国側に反論しているのである。高等裁判所としても疎開政策と退去禁止の関係に注目していたことが分かる。

判決を詳細にみれば、防空法制について不当な認定もある。一例として、政府が個別の国民一人ひとりに対して「退去禁止命令」という形式の処分を発したことがないことを指摘して、国民は退去を完全には禁止されていなかった（退去が「困難だった」にとどまる）という結論を導いている。これは現実をみない机上の空論である。そのような命令の形式を用いなくても、政府は法制度と社会制度の構築、さらには思想の植え付けによって国民を空襲下に縛り付けたのである。

このほか大阪高裁判決は、最高裁と同じかたちの「戦争損害受忍論」を採用することもしなかった。判決文中では「戦争損害に関する補償は憲法の各条項の全く予想しないところ」という言い回しを登場させたものの、戦後補償立法の不存在が違憲となる「余地がない」とはいわず、次のように判示している。

戦争損害を受けた者の中で、戦後補償という形式で明確に補償を受けることができた者と、戦後補償という形式での補償を受けることができない者との間に生じている差異に関し、全く平等原則違反の問題を生じないとはいえず、このような補償に関する立法行為の内容ないし立法不作為が、憲法一四条一項に違反すると判断されることがあり得ることは、原判決を補正して引用した前記説示のとおりである。

戦後補償に関して憲法違反が生じる「余地はない」から「あり得る」へ。これは、最高裁判決を実質的に変更するに等しい。裁判官にとっては勇気ある判示かも知れない。防空法制の認定部分と合わせて、補償法の制定を求める運動を後押しするものとして活用したい。

■二■　3・11後のいま、改めて問う現代的意味

戦前日本の防空法制とは何だったのか。大阪空襲訴訟を通じた司法の判断と、その問題点、そこから導かれる今後の課題については前節で検討した。ここでは、戦前の防空法制を問題にすることのもう一つの現代的な意味について述べておこう。

近年、「ミサイル防衛」（ＭＤ）や「国民保護法制」という形で、国家は相も変わらず、戦前の防空法制の設計思想を想起させるような仕組みを整えようとしている。

そうしたなか、この国は「武力攻撃災害」ではなく、「3・11」という未曾有の大災害（カタストローフ）にみまわれることになった。自然災害と原発事故の「複合災害」（足尾銅山鉱毒事件の田中正造流に言えば、東日本大震災と福島原発事故の「合成（複合）加害」）である。福島第一原発事故は未だ収束せず、高濃度の汚染水が海洋を汚染し、人々の暮らしを破壊し続けている。避難している人々は二〇一三年八月現在で約二九万人。原発事故のため県外避難している福島県民は五万人を超えている。震災からの復旧も復興も遅々として進んでいない。その一方で、新たな巨大災害、首都直下型巨大地震などに対する国民の不安感に便乗して、国家的危機管理体制を強化する動きが進行している。そこでは、「守るべきものは何か」をめぐり本書で検討してきた根本的問題が、形を変えて再び問い直されようとしている。

◆〝テポドン〟が飛んでくるから？

日本政府は、二〇〇三年一二月、北朝鮮のミサイルに対抗するとして、「ミサイル防衛」（ＭＤ）の導入を閣議決

定した。導入費だけで五〇〇〇億円、維持・運営費などで一兆円は軽く超える買い物である。米国では、弾道弾迎撃ミサイル（ＡＢＭ）システムが、技術的に問題があり、かつ超高額という財政上の問題もあってその採用が消極的になっていたところ、ＡＢＭとよく似たＭＤを、とびっきり素直な「上客」である日本に採用させようとしたわけである。米国政府から直接購入する「有償軍事援助」（ＡＭＳ）のため、米国の軍需産業には安定的な利益がもたらされる。

二〇〇五年六月、ＭＤに法的根拠を与えるために自衛隊法改正が行われ、八二条の三「弾道ミサイル等に対する破壊措置」が追加された。弾道ミサイル等が「我が国に飛来するおそれがあ」る場合、防衛庁長官（後に大臣）が首相の承認を得て、「我が国領域又は公海の上空」でミサイルの破壊を命ずることができる（同一項）。「事態が急変し」、首相の承認を得るいとまがない場合、事前に作成された「緊急対処要領」により、長官（大臣）は破壊措置を命ずることができる（同三項）。「対処要領」には、弾道ミサイルだけでなく、「人工衛星打ち上げ用ロケット」と「人工衛星」も掲げられている（2⑴ア、イ）。また、「弾道ミサイル等に対する破壊措置の実施に関する達」（自衛隊統合達第四号、平成一九年三月二三日）には、ミサイル飛来の報告は「統合幕僚長を通じて行うものとし」（三条）とある。迅速性が優先され、制服組トップの権限が強められている。

「国民の保護に関する基本指針」（平成一七年三月）によると、相手国のミサイルの「迎撃」場所は「我が国領域又は公海の上空」に一応限られている。やがて「相手国がミサイル発射を行った時点では遅い」という意見が勢いを増し、結局、相手国がミサイルに燃料を注入した時点を「着手」とみなして、「迎撃」するということも想定されている。「敵基地（策源地）攻撃能力」である。これは「迎撃」という形をとった、相手国への「先制攻撃」に踏み込むことにならないか。「防衛」概念の時間軸は、前倒し、事前、予防、先制的なものになればなるほど、自らの安全のためには手段を選ばない「安全の専制」への傾きを増すことに注意しなければならない。

この新しい防空システムが実際に試されたのが二〇〇九年の春だった。北朝鮮の「人工衛星」発射の動きに対して、三月二七日、防衛大臣は「弾道ミサイル等に対する破壊措置」を発令。一〇分以内に対応する必要があるということで、閣議決定が省略された。ＰＡＣ－３（パトリオット）が秋田県や岩手県などに配備され、海路、陸路で長距離機動する既成事実も作られた。だが、このシステムはヒューマンエラーで「誤作動」した。

四月四日、千葉県の警戒管制レーダー「ＦＰＳ－５」が「何か」をキャッチした。担当官はすぐさま東京・府中の航空総隊司令部に通報。その地下にある防空指揮所の当直将校は、情報をそのまま防衛省地下三階の中央指揮所に伝達した。指揮所の担当官はすぐに「発射」と口にした。その音声をモニターしていた連絡官が「発射」とアナウンスし、報道機関や自治体への速報につながったという（『朝日新聞』二〇〇九年四月五日付）。高い税金を使ってどんなハイテク情報システムを立ち上げても、最終的には人間が判断し、伝達する。その意味では、初歩的なヒューマンエラーだった。

写真38　航空自衛隊第4高射群第15高射隊（岐阜基地）のPAC−3沖縄配備記念等。

この「ミサイル発射」情報直後に、「漢字誤読」で有名な時の首相が、官邸の危機管理センターに向かった。官邸連絡室は「官邸対策室」に格上げされ、そこで「最高指揮官」として、意気揚々と声明を発表しようとしたが、発射情報は「誤探知」から「誤発表」に変わり、わずか八分で首相は執務室に戻った。「対策室」への格上げも撤回された（『朝日新聞』四月四日付夕刊）。初歩的ミスの連鎖に、自衛隊幹部は「北朝鮮は日本の対応を見て笑っているはず」とコメントした（『読売新聞』四月五日付）。

実際に北朝鮮は四月五日に「人工衛星」の打ち上げを発表したが、軌道に乗った物体は確認されなかった。「変なものが〔日本の〕間近に落ちるなんてことがあった方が、日本人は危機感、緊張感を持つ」（石原慎太郎東京都知事、『毎日新聞』三月二八日付）。ここには、権力者の本音がはっきりとあらわれている。

その後、二〇一二年四月と一二月、一三年四月にも、北朝鮮は弾道ミサイル（北朝鮮は「人工衛星」という）を発射し、防衛大臣が「破壊措置命令」を出している。一二年四月から石垣島、宮古島、与那国の南西諸島にもPAC－3部隊が配備された。写真の下の方は、一二年に航空自衛隊第四高射群（岐阜基地）の第一五高射隊が沖縄に展開した記念に、部内関係者が作成したワッペンである（ちなみに、写真の上は、第一高射群〔入間〕の記念ワッペン）。

それにしても、二〇一二年、一三年と続けて、桜が満開の防衛省中庭に置かれた二基のPAC－3の光景は、何とも奇妙なものだった。あれは一体何を守っていたのだろうか。「迎撃」という言葉が無批判に使われるが、これで「撃墜」した破片が東京の人が住む地域に降ってくることを考えれば、「何を守るのか」という視点がそこで問われてしかるべきだった。一三年の騒ぎの際、北朝鮮がミサイルで日本の原発を攻撃することを示唆したとする情報が流れた。これについて、「リスクを減らすには、原発をできるだけ早く減らしていくしかない」とする社説を出した新聞もあった（『朝日新聞』二〇一三年三月八日付）。「脱原発こそ最良の防御だ」という主張は、「何を守るのか」という観点からも重要だろう。

◆「国民保護法制」は現代の防空法

北朝鮮の「テポドン」騒動に便乗して、かつての防空法制が形を変えて誕生した。「国民保護法」（平成一六年法律第一一二号）である。正式名称は「武力攻撃事態等における国民の保護のための措置に関する法律」である。そこで国民は国家による保護の客体であり、自治体は統制と下請けの手段となる。他方、「国民の協力」の形態は、ある種の参加型を伴う面も否定できない。国家の防衛体制強化のために、国民および自治体が協力するという構図である。地域コミュニティの一員たる外国人やマイノリティは「人的リスク」にカウントされる。国民参加の「有事」システムとして機能するところに、「国民保護法制」の問題性がある（以下、水島朝穂「『国民保護法制』とは何か」『法律時報』二〇〇二年一一月号四～九頁参照）。

「国民保護法制」の中心となる「民間防衛」は、武力攻撃事態において、国民の生命・財産を守り、建築物や設備、文化財などを防護し、速やかな復旧をはかる組織的な活動であって、中央政府（外国では内務省など、日本では総務省）の計画指導のもと、地方自治体の組織、指導のもとに、主として軍以外の民間人が主体となって行う防護活動である。総合的な防衛体制のなかで、軍事防衛と「民間防衛」は車の両輪となる。もっとも、日本では、これが成功したためしがない。国民の生命を守るどころか、「退去の禁止」（防空法八条の三）や精神主義的防空指導により、むしろ犠牲を増大させたことは本書で詳しく論じた通りである。

「国民の保護に関する基本指針」（平成一七年三月二五日、最終改正二二年一一月九日）を見ると、「武力攻撃事態」の類型として、着上陸侵攻、ゲリラ・特殊部隊の攻撃、弾道ミサイル攻撃、航空攻撃のほか、NBC攻撃（核・生物・化学兵器）の場合の対応が挙げられている。「武力攻撃災害」には、「武力攻撃原子力災害」なる項目がある。そこでは、モニタリングの実施、原子炉の運転停止、安定ヨウ素剤の服用、飲食物摂取制限といったことが並ぶ（四二～五〇頁）。

一番の問題は、究極の人災であるところの戦争（武力行使）が、自然災害のようなトーンで扱われていることだろう。「武力攻撃災害」概念である。武力攻撃により直接・間接に生ずる人的・物的被害をいう（法二条四項）。戦争は天災ではなく、典型的な人為的行為（人災）である。「国民保護」法制は、「武力攻撃事態災害」概念を導入することによって、一般の消防や災害救援システムを細部にわたって軍事的合理性の観点から組み換えていく。大地震を想定して組織された「自主防災組織」は公式では一一万組織、二六七四万人が参加しているという。そこで行われている防災訓練や初期消火訓練も、法的には「武力攻撃災害」対処として位置づけられている。

「国民保護」の中身の一つである避難誘導を例に見ておこう。誰しも災害時の避難誘導ならば当然と思うだろう。だが、ことは「武力攻撃事態」対処の一環であることを忘れてはならない。自治体の長は、自衛隊や警察による避難誘導支援を要請することができる（法六三条一項、二項）。だが、武力攻撃事態法の目的は、「武力攻撃が発生した場合には、これを排除しつつ、その速やかな終結を図」ることにある（三条三項）。同法では、この目的を達成するため、市町村等による住民避難実施措置は、国の武力攻撃対策本部長（内閣総理大臣）の総合調整（一四条一項）や指示（一五条一項）に服することになっている。従わない場合は、内閣総理大臣が直接・間接に必要な措置を実施させることができる（一五条二項）。

「武力攻撃災害」の救援組織や各種訓練への参加についても、単なる災害とは異なり、「武力攻撃」である以上、救援組織のあり方や訓練参加の仕方のところでも問題を生じやすい。なぜなら、「武力攻撃災害」の救援体制は、戦前の「隣組防空群」などに類似して、市民生活の相互監視・相互統制機能も果たしかねないからである。これに反発を感じて、参加・協力を拒否する人が必ず出てくるだろう。「敵性」国民のレッテルを貼られる場合はなおさらである。

全国瞬時警報システム（J-Alert）と防災無線を連動させる仕組みも、国民保護法制の関連で全国各地、山間部の市町村にまで普及している。だが、問題点も多い。「地震速報や弾道ミサイル情報などを広く伝える」という目的だが、日頃は行政情報の垂れ流し、「お悔やみ放送」や「婚活相談の案内」までやる自治体もある。山梨県峡北の某市の例だが、これが肝心の「3・11」の際、地震速報が必要な大事な場面ではまともに機能しなかった。

◆桐生悠々のリアル——防空訓練より「立憲的訓練」を

ここで想起されるのは、ちょうど八〇年前のある新聞論説である。一九三三（昭和八）年八月一一日付『信濃毎日新聞』二面に、同紙主筆の桐生悠々の手になる「関東防空大演習を嗤《わら》ふ」が掲載された。曰く。「帝都の上空に於て、敵機を迎え撃つが如き、作戦計画は、最初からこれを予定するならば滑稽であり、やむを得ずして、これを行うならば、勝敗の運命を決すべき最終の戦争を想定するものであらねばならない。壮観は壮観なりと雖も、要するにそれは一のパッペット・ショー（操り人形劇）に過ぎない」（桐生悠々『畜生道の地球』〔中公文庫、一九八九年〕一九頁）。

この論説のために同紙の不買運動が起こされ、編集局を追われることになった悠々。彼は別の論説で、「国民の立憲的訓練」ということを強調している。

「我憲政は、議会は、政党は、選挙は何が故にかくも下落したか。曰く。全体としての国民がなっていないからである。全体としての国民が立憲的思想に目ざめないからである」と。そして、「誰のためにまた何のために投票しているのか」がわかっていれば、「今日の議会や政党はかくも下落しなかっただろう」とも述べている。そこで、悠々は、「立憲的訓練」の必要を説き、選挙権をもつ成人ではだめで、子どもたちが重要であるという。憲法教育の必要性だが、それはただ教え込むのでは足らず、「行うことによって学ぶこと」が大事だといい、学校に自治制をしき、児童に日常的な選挙の訓練をさせるべきだと説く（「国民の立憲的訓練」一九三八年五月、前掲書一六一～一六二頁所収）。

太平洋戦争に向けて突き進む時期ではあったが、総選挙を前にして悠々は国民に「立憲的訓練」を説いたのである。国会の状況は、尾崎行雄（咢堂）が、国会議事堂は存在せず、「国会表決堂」が存在するのみと慨嘆するような状況だった。日本の政治の末期症状のさらなる末期に、防空訓練を「嗤ふ」と書いて主筆の地位を追われた悠々が、「立憲的訓練」を主張したことは記憶されていい。「防空訓練」から「立憲的訓練」へ。市民が憲法に基づく政治のあり方にもっと関心をもち、自らを憲法的に磨いていけば、よりまともな政治が生み出されていくだろう。「何を守るべきか」という問題も、立憲主義をきちんと踏まえた議論のなかで解決されるべきだろう。

◆「民間防衛」の脱軍事化

戦前の防空法制の根本的弱点は、国家を守ることの反射として国民（臣民）を守るという、「守るべきもの」の倒錯にあった。ひいては、国民は「命を捨てて国家を守れ」と命じられたのであるから、国民の生命保護は反射的利益ですらなかったことも前に見た通りである。日本国憲法のもとでは、人命と個人の自由の尊重を重要視する国家のありようが要請される。しかし、「国民保護法」がそうなっていないこともすでに述べた通りである。一般に安全保障というのは、「誰が」「何を」「何に対して」「どのように」「どの程度」守るのかという視点抜きに抽象的に語ることはできない（水島朝穂「安全保障と憲法・憲法学」『法学セミナー』二〇〇七年一月号八〜一三頁）。

こういう観点からすれば、大規模地震や巨大津波、火山噴火、大水害、原発事故などについての対策を、「武力攻撃」対処システムの「ダシ」にさせないことが重要である。市民の安全をいかに守るか。それはコミュニティの質に規定される。外国人を含む「いま、そこに住む人々」が協力しあって、災害に強いコミュニティをつくる。あるいは犯罪やテロに対して、疑心暗鬼の監視システムを立ち上げるのではなく、共生の仕組みをつくることこそ重要であろう。地域の平和創造力の強化が重要となる所以である。

冷戦が終わったことで、各国とも、米ソ全面核戦争を最終シナリオとしつつ組織されてきた「民間防衛」体制に、その存廃を含む根本的問題が提起された（以下、水島朝穂「『内なる敵』はどこにいるか——国家的危機管理と『民間防衛』」『三省堂ぶっくれっと』一一五号（一九九五年五月）九〜一二頁参照）。多くの国々は、「民間防衛」組織の改編に着手し、自然災害を軸とした大災害対処の方向に重点を移行してきた。

ドイツの連邦民間防衛庁のもとにあった連邦技術支援隊（ＴＨＷ）という組織も、一九九三年に組織的に独立し、カンボジアやソマリアを含む世界各地に人道援助・技術支援に派遣されている。かつての核戦争対処部隊がいまや、国内の水害等の災害に対処する活動と並んで、非軍事的国際貢献活動に重点を置くようになったのである。このような「民間防衛」組織の脱軍事化傾向は、他の国々にも見られる。軍事的要素がなお付着した「民間防衛」が生き残る道は、こうした災害・環境破壊に対処する組織への転換以外ないと言えよう。国家の論理ではなく、地方自治を基本とした、市民の視点からの災害対策の構築が求められている。

東日本大震災では、自衛隊の「従たる任務」である災害派遣が全面的に展開されることになった（以下、水島朝穂「史上最大の災害派遣」『世界』二〇一一年七月号一一二〜一二二頁参照）。陸海空三自衛隊と即応予備自衛官、最大時一〇万六〇〇〇人による「災統合任務部隊」（ＪＴＦ－ＴＨ）が展開した。自衛隊は阪神淡路大震災以降、東京消防庁ハイパーレスキューが常備するような高度救助器材を小・中隊単位で運用してきた。この「人命救助システム」は、軍用装備の「転用」ではなく、まさに人命救助「専用」であり、自衛隊装備思想における新思考と言える。今後、「軍」の側面を漸次縮小していき、本格的な災害救助組織への質的転換が長期的課題となろう。国内の大地震や大津波、火山噴火、原発事故などだけでなく、近隣諸国をはじめ、世界各国で震災等が発生した場合、非軍事の災害救援組織が本格的な活動を展開していくことが求められている。今後、日米の軍事的関係をさらに強化し、憲法を改正して自衛隊を「国防軍」にしていくのか、それとも、災害派遣のノウハウを高めて、世界各地の大災害にも対応可能な本格的災害救助組織を主たる任務とした組織になっていくのか。「３・11」の教訓の活かし方が問われている。戦前の防空法制からの反省と総括もそのなかで意味を持ってくるに違いない。

■略年表■

一九二八・七・五～八　最初の「防空演習」、大阪で実施される（二四頁）
一九三一・一〇　日本軍、中国錦州への空襲を開始（二〇頁）
一九三三・八・一一　桐生悠々の「関東防空大演習を嗤ふ」、信濃毎日新聞に掲載（二三、二二七頁）
一九三七・三・三〇　「防空法」　帝国議会で可決（一六頁）
一九三八・三・一六　「国家総動員法」帝国議会で可決
一九三八・四・四　「燈火管制規則」制定（三三頁）
一九四〇・九・一一　「部落会町内会等整備要綱」制定（一五七頁）
一九四〇・一二・三　「退去、避難及待避指導要領」制定（六二頁）
　老幼病者以外の避難を原則禁止
一九四〇・一二・五　内閣直結の「情報局」を設置（一一五頁）
　空襲予測や空襲被害についての情報を統制
一九四一・九・三　内務省に「防空局」を設置（三九頁）
一九四一・一〇　情報局「時局防空必携」を発表（四七頁）
　「命を捨てて御国を守る」という防空精神を謳う
一九四一・一一・二〇　「防空法」改正　帝国議会で可決（三八頁）

	退去禁止と消火義務の規定を新設
一九四一・一二・七	内務大臣「敵襲時ニ於ケル退去及事前避難ニ関スル件」制定（五五頁）
一九四一・一二・八	日米開戦（日本軍による真珠湾攻撃）
一九四二・四・一八	日本初空襲（ドーリットル空襲、二一〜三、一一〇頁）
一九四二・七・三	内務省「防空待避施設指導要領」を制定（一三六頁）
一九四二・七・三一	「敵襲時ニ於ケル国内報道ニ関スル大本営陸海軍部、情報局間協定書」締結（一二〇頁）
一九四三・九・一一	文部省「学校防空指針」を決定（一〇三頁）
一九四三・一〇・二八	「防空法」改正　帝国議会で可決（三八頁、六九頁） 国の権限と罰則を強化
一九四三・一一・一	内務省直轄の「防空総本部」を設置（三九頁）
一九四四・六〜九	九州北西部、沖縄への本格空襲始まる（一二五頁）
一九四四・一〇	沖縄・奄美諸島への空襲が激化
一九四四・一一〜	東京・名古屋・大阪など主要都市への空襲が徐々に増加
一九四五・一・一九	閣議決定「空襲対策緊急強化要綱」（七六頁） 必要人員を都市に残留させる方針を定める
一九四五・二・一七	空襲予告の「伝単」が東京都八王子市などに投下される（一九六頁） その後、予告どおりに各都市が空襲を受けた
一九四五・三・一〇	東京大空襲（一八八頁）
一九四五・三・一三	大阪大空襲（一九一頁）
一九四五・三・一四	帝国議会・貴族院で、大河内輝耕議員の質問（二〇二〜二〇三頁）

	「人貴キカ、物貴キカ」と述べ、空襲からの避難を認めるよう求める
一九四五・三・二三	「国民義勇隊」を組織する閣議決定（一七九頁）
一九四五・四・二〇	閣議決定「現情勢下ニ於ケル疎開応急措置要綱」（七八頁） 老幼病者以外の退去を当分認めない方針を明記
一九四五・六・一〇	「義勇兵役法」帝国議会で可決（一七九頁） 本土決戦にむけて男女を問わず「義勇兵」に組織
一九四五・七・二八	青森市空襲（一二頁） 都市に戻れと指示された市民多数が犠牲に
一九四五・八・六	広島に原子爆弾投下（一九五頁）
一九四五・八・一一	防空総本部「新型爆弾に対する心得」発表（一九五頁） 原爆に対しても「初期防火に注意すること」と指示
一九四五・八・一四～一五	秋田市、小田原市、伊勢崎市、光市、熊谷市、大阪市などで最後の空襲
一九四五・八・一五	敗戦
一九四五・八・二三	防空実施の終了を発令（二〇六頁）
一九四六・一・三一	防空法を廃止（二〇七頁）
一九六三・二～六	「三矢研究」（昭和三十八年度総合防衛図上研究） 自衛隊統合幕僚会議が行った、戦後初の本格的な有事法制研究 非公式の研究であり、一九六五年二月に国会での追及を受けて頓挫する
一九七七・七	福田赳夫首相の了承のもと、戦後初の公式な有事法制研究が開始 「民間防衛」の研究も含まれる

二〇〇四・六・一八 「国民保護法」国会で成立（二二四頁）
有事に対する国民の「協力」を盛り込む
二〇〇九・四・四 防衛省が北朝鮮による弾道ミサイルの「発射」を誤発表（二二三頁）
二〇〇八・一二・八 大阪空襲訴訟、提訴（二〇九頁）
二〇一一・三・一一 東日本大震災（二二一、二二九頁）
二〇一一・一二・七 大阪空襲訴訟・第一審判決（二一五〜二一八頁）
事前退去が「事実上困難といい得る状況」だったと認定
二〇一三・一・一六 大阪空襲訴訟・控訴審判決（二一八〜二二〇頁）
防空法制等により国民が「危険な状況に置かれた」と認定

＊（ ）内は本書頁数

■防空法の条文■

防空法（昭和一二年法律第四七号）	第一条　本法ニ於テ防空ト称スルハ戦時又ハ事変ニ際シ航空機ノ来襲ニ因リ生ズベキ危害ヲ防止シ又ハ之ニ因ル被害ヲ軽減スル為陸海軍ノ行フ防衛ニ則応シテ陸海軍以外ノ者ノ行フ燈火管制、消防、防毒、避難及救護並ニ此等ニ関シ必要ナル監視、通信及警報ヲ、防空計画ト称スルハ防空ノ実施及之ニ関シ必要ナル設備又ハ資材ノ整備ニ関スル計画ヲ謂フ	第二条　防空計画ハ勅令ノ定ムル所ニ依リ地方長官（東京府ニ在リテハ警視総監ヲ含ム以下之ニ同ジ）又ハ地方長官ノ指定スル市町村長防空委員会ノ意見ヲ徴シ之ヲ設定シ主務大臣又ハ地方長官ノ認可ヲ受クベシ
防空法（昭和一六年法律第九一号）	第一条　本法ニ於テ防空ト称スルハ戦時又ハ事変ニ際シ航空機ノ来襲ニ因リ生ズベキ危害ヲ防止シ又ハ之ニ因ル被害ヲ軽減スル為陸海軍ノ行フ防衛ニ則応シテ陸海軍以外ノ者ノ行フ燈火管制、偽装、消防、防火、防弾、防毒、避難、救護、及応急復旧並ニ此等ニ関シ必要ナル監視、通信及警報ヲ、防空計画ト称スルハ防空ノ実施及之ニ関シ必要ナル設備又ハ資材ノ整備ニ関スル計画ヲ謂フ	第二条　防空計画ハ勅令ノ定ムル所ニ依リ主務大臣、地方長官（東京府ニ在リテハ警視総監ヲ含ム以下之ニ同ジ）又ハ地方長官ノ指定スル市町村長之ヲ設定スベシ
防空法（昭和一八年法律第百四号）	第一条　本法ニ於テ防空ト称スルハ戦時又ハ事変ニ際シ航空機ノ来襲ニ因リ生ズベキ危害ヲ防止シ又ハ之ニ因ル被害ヲ軽減スル為陸海軍ノ行フ防衛ニ則応シテ陸海軍以外ノ者ノ行フ監視、通信、警報、燈火管制、分散疎開、転換、偽装、消防、防火、防弾、防毒、避難、救護、防疫、非常用物資ノ配給、応急復旧其ノ他勅令ヲ以テ定ムル事項ヲ、防空計画ト称スルハ防空ノ実施及之ニ関シ必要ナル設備又ハ資材ノ整備ニ関スル計画ヲ謂フ	第二条　防空計画ハ勅令ノ定ムル所ニ依リ主務大臣、地方官庁又ハ地方長官ノ指定スル市町村長之ヲ設定スベシ

第三条　主務大臣ハ勅令ノ定ムル所ニ依リ規模大ナル事業又ハ施設ニシテ防空上特ニ必要アルモノニ付行政庁ニ非ザル者ヲ指定シテ防空計画ヲ設定セシムルコトヲ得 前項ノ防空計画ハ主務大臣ノ認可ヲ受クベシ	第三条　主務大臣ハ勅令ノ定ムル所ニ依リ防空上重要ナル事業又ハ施設ニ付行政庁ニ非ザル者ヲ指定シテ防空計画ヲ設定セシムルコトヲ得 前項ノ防空計画ハ行政官庁ノ認可ヲ受クベシ	第三条　主務大臣ハ勅令ノ定ムル所ニ依リ防空上重要ナル事業又ハ施設ニ付行政庁ニ非ザル者ヲ指定シテ防空計画ヲ設定セシムルコトヲ得 前項ノ防空計画ハ行政官庁ノ認可ヲ受クベシ
第八条　燈火管制ヲ実施スル場合ニ於テハ命令ノ定ムル所ニ依リ其ノ実施区域内ニ於ケル光ヲ発スル設備又ハ装置ノ管理者又ハ之ニ準ズベキ者ハ他ノ法令ノ規定ニ拘ラズ其ノ光ヲ秘匿スベシ	第八条　燈火管制ヲ実施スル場合ニ於テハ命令ノ定ムル所ニ依リ其ノ実施区域内ニ於ケル光ヲ発スル設備又ハ装置ノ管理者又ハ之ニ準ズベキ者ハ他ノ法令ノ規定ニ拘ラズ其ノ光ヲ秘匿スベシ	第八条　燈火管制ヲ実施スル場合ニ於テハ命令ノ定ムル所ニ依リ其ノ実施区域内ニ於ケル光ヲ発スル設備又ハ装置ノ管理者又ハ之ニ準ズベキ者ハ他ノ法令ノ規定ニ拘ラズ其ノ光ヲ秘匿スベシ
	第八条ノ三　主務大臣ハ防空上必要アルトキハ勅令ノ定ムル所ニ依リ一定区域内ニ居住スル者ニ対シ期間ヲ限リ其ノ区域ヨリノ退去ヲ禁止又ハ制限スルコトヲ得	第八条ノ三　主務大臣ハ防空上必要アルトキハ勅令ノ定ムル所ニ依リ一定区域内ニ居住スル者ニ対シ期間ヲ限リ其ノ区域ヨリノ退去ヲ禁止若ハ制限シ又ハ退去ヲ命ズルコトヲ得
	第八条ノ五　空襲ニ因リ建築物ニ火災ノ危険ヲ生ジタルトキハ其ノ管理者、所有者、居住者其ノ他命令ヲ以テ定ムル者ハ命令ノ定ムル所ニ依リ之ガ応急防火ヲ為スベシ 前項ノ場合ニ於テハ現場附近ニ在ル者ハ同項ニ掲グル者ノ為ス応急防火ニ協力スベシ	第八条ノ七　空襲ニ因リ建築物ニ火災ノ危険ヲ生ジタルトキハ其ノ管理者、所有者、居住者其ノ他命令ヲ以テ定ムル者ハ命令ノ定ムル所ニ依リ之ガ応急防火ヲ為スベシ 前項ノ場合ニ於テハ現場附近ニ在ル者ハ同項ニ掲グル者ノ為ス応急防火ニ協力スベシ
第九条　防空ノ実施ニ際シ緊急ノ必要アルト	第九条　防空ノ実施ニ際シ緊急ノ必要アルト	第九条　防空ノ実施ニ際シ緊急ノ必要アルト

キハ地方長官又ハ市町村長ハ他人ノ土地若ハ家屋ヲ一時使用シ、物件ヲ収用若ハ使用シ又ハ防空ノ実施区域内ニ在ル者ヲシテ防空ノ実施ニ従事セシムルコトヲ得

行政執行法第五条及第六条ノ規定竝ニ之ニ基キテ発スル命令ハ前項ノ規定ニ基キテ為ス処分ニ依リテ負フ義務ノ履行ヲ市町村長強制スル場合ニ之ヲ準用ス

第十条　主務大臣ハ防空計画ノ設定者ニ対シ防空計画ノ全部又ハ一部ニ基キ防空ノ訓練ヲ為スベキコトヲ命ズルコトヲ得

前項ノ規定ニ依リ防空ノ訓練ヲ為ス場合ニ於テハ第三条第一項ノ規定ニ依ル防空計画ノ設定者ハ其ノ従業者ヲシテ防空ノ訓練ニ従事セシムルコトヲ得

第一項ノ規定ニ依リ燈火管制ノ訓練ヲ為ス場合ニ於テハ命令ノ定ムル所ニ依リ訓練区域内ニ於ケル光ヲ発スル設備又ハ装置ノ管理者又ハ之ニ準ズベキ者ハ他ノ法令ノ規定ニ拘ラズ其ノ光ヲ秘匿スベシ

第十一条　防空ニ関スル調査ノ為必要アルトキハ主務大臣、地方長官又ハ市町村長ハ勅令ノ定ムル所ニ依リ関係者ニ対シ資料ノ提出ヲ命ジ又ハ官吏若ハ吏員ヲシテ関係アル場所ニ立入リ

キハ地方長官又ハ市町村長ハ他人ノ土地若ハ家屋ヲ一時使用シ、物件ヲ収用若ハ使用シ又ハ防空ノ実施区域内ニ在ル者ヲシテ防空ノ実施ニ従事セシムルコトヲ得

行政執行法第五条及第六条ノ規定竝ニ之ニ基キテ発スル命令ハ前項ノ規定ニ基キテ為ス処分ニ依リテ負フ義務ノ履行ヲ市町村長ガ強制スル場合ニ之ヲ準用ス

第十条　主務大臣ハ防空計画ノ設定者ニ対シ防空計画ノ全部又ハ一部ニ基キ防空ノ訓練ヲ為スベキコトヲ命ズルコトヲ得

前項ノ規定ニ依リ防空ノ訓練ヲ為ス場合ニ於テハ第五条第二項、第六条、第八条、第八条ノ二及第八条ノ五ノ規定ヲ準用ス

第十一条　防空ニ関スル調査ノ為必要アルトキハ行政官庁又ハ市町村長ハ勅令ノ定ムル所ニ依リ関係者ニ対シ資料ノ提出ヲ命ジ又ハ官吏若ハ吏員ヲシテ関係アル場所ニ立入リ検査ヲ為サ

キハ地方長官又ハ市町村長ハ他人ノ土地若ハ家屋ヲ一時使用シ、物件ヲ収用若ハ使用シ又ハ防空ノ実施区域内ニ在ル者ヲシテ防空ノ実施ニ従事セシムルコトヲ得

行政執行法第五条及第六条ノ規定竝ニ之ニ基キテ発スル命令ハ前項ノ規定ニ基キテ為ス処分ニ依リテ負フ義務ノ履行ヲ市町村長ガ強制スル場合ニ之ヲ準用ス

第十条　主務大臣ハ防空計画ノ設定者ニ対シ防空計画ノ全部又ハ一部ニ基キ防空ノ訓練ヲ為スベキコトヲ命ズルコトヲ得

前項ノ規定ニ依リ防空ノ訓練ヲ為ス場合ニ於テハ第五条第二項、第六条、第八条、第八条ノ二及第八条ノ七ノ規定ヲ準用ス

第十一条　防空ニ関スル調査ノ為必要アルトキハ行政官庁又ハ市町村長ハ勅令ノ定ムル所ニ依リ関係者ニ対シ資料ノ提出ヲ命ジ又ハ官吏若ハ吏員ヲシテ関係アル場所ニ立入リ検査ヲ為サ

検査ヲ為サシムルコトヲ得但シ私人ノ邸宅並ニ業務上ノ秘密ニ属スル事項及設備ニ付テハ此ノ限ニ在ラズ 前項ノ規定ニ依リ立入ル場合ニ於テハ其ノ旨予メ其ノ場所ノ管理者ニ通知スベシ 当該官吏又ハ吏員第一項ノ規定ニ依リ関係アル場所ニ立入ル場合ハ其ノ証票ヲ携帯スベシ	シムルコトヲ得但シ私人ノ邸宅並ニ業務上ノ秘密ニ属スル事項及設備ニ付テハ此ノ限ニ在ラズ 前項ノ規定ニ依リ立入ル場合ニ於テハ其ノ旨予メ其ノ場所ノ管理者ニ通知スベシ 当該官吏又ハ吏員第一項ノ規定ニ依リ関係アル場所ニ立入ル場合ハ其ノ証票ヲ携帯スベシ	シムルコトヲ得但シ私人ノ邸宅並ニ業務上ノ秘密ニ属スル事項及設備ニ付テハ此ノ限ニ在ラズ 前項ノ規定ニ依リ立入ル場合ニ於テハ其ノ旨予メ其ノ場所ノ管理者ニ通知スベシ 当該官吏又ハ吏員第一項ノ規定ニ依リ関係アル場所ニ立入ル場合ハ其ノ証票ヲ携帯スベシ
第十九条　第八条ノ規定ニ違反シタル者ハ三百円以下ノ罰金、拘留又ハ科料ニ処ス〈以下略〉	**第十九条**　左ノ各号ノ一ニ該当スル者ハ一年以下ノ懲役又ハ千円以下ノ罰金ニ処ス 一　第六条ノ二第一項ノ規定ニ依ル命令ニ従ハザル者 二　第八条ノ規定ニ違反シタル者又ハ同条ノ規定ニ依ル光ノ秘匿ヲ妨害シタル者	**第十九条**　左ノ各号ノ一ニ該当スル者ハ一年以下ノ懲役又ハ千円以下ノ罰金ニ処ス 一　第六条ノ二第一項ノ規定ニ依ル命令ニ従ハザル者 二　第八条ノ規定ニ違反シタル者又ハ同条ノ規定ニ依ル光ノ秘匿ヲ妨害シタル者
	第十九条ノ二　左ノ各号ノ一ニ該当スル者ハ六月以下ノ懲役又ハ五百円以下ノ罰金ニ処ス 〈中略〉 三　第五条ノ五、又ハ第八条ノ二乃至第八条ノ四ノ規定ニ依ル禁止又ハ制限ニ違反シタル者	**第十九条ノ二**　左ノ各号ノ一ニ該当スル者ハ六月以下ノ懲役又ハ五百円以下ノ罰金ニ処ス 〈中略〉 二　第五条ノ四、第五条ノ九、第八条ノ三若ハ第八条ノ五ノ規定ニ依ル禁止又ハ制限ニ違反シ又ハ命令ニ従ハザル者
	第十九条ノ三　左ノ各号ノ一ニ該当スル者ハ五百円以下ノ罰金ニ処ス 一　第八条ノ五第一項ノ規定ニ違反シタル者 〈以下略〉	**第十九条ノ三**　左ノ各号ノ一ニ該当スル者ハ五百円以下ノ罰金ニ処ス 一　第八条ノ七第一項ノ規定ニ違反シタル者 〈以下略〉

■判決文■

大阪空襲訴訟　第一審判決

大阪地方裁判所　平成二三年一二月七日言渡
平成二〇年（ワ）第一六一七八号ほか　大阪空襲・謝罪及び損害賠償等請求事件

主文
一　原告らの請求をいずれも棄却する。
二　訴訟費用は原告らの負担とする。

事実及び理由

第一　請求
一　被告は、原告らに対して、別紙謝罪文を交付し、かつ、同謝罪文を官報に掲載せよ。

二　被告は、原告Xら〈略〉に対し、それぞれ一一〇〇万円及びこれに対する平成二〇年一二月一七日から各支払済みまで年五分の割合による金員を支払え。〈以下略〉

第二　事案の概要等

本件は、昭和二〇年三月一三日に大阪市内に対して行われたアメリカ軍用機Ｂ29等による空襲以降、日本各地の住宅密集地に対して行われた空襲によって被災した者あるいは被災した者の親族である原告らが、被告に対し、被告が原告ら空襲被害者を何ら救済せず放置したことは、憲法上又は条理上の作為義務を根拠として認められる立法義務に違反するものであり、これは国家賠償法（以下「国賠法」という。）上の違法な公権力の行使（立法不作為）に当たると主張し、民法七二三条及び国賠法四条に基づき、別紙謝罪文を交付し、かつ、同謝罪文を官報に掲載することを求めるとともに、国賠法一条一項に基づき、損害賠償として、原告らそれぞれに対し一一〇〇万円（慰謝料一〇〇〇万円及び弁護士費用一〇〇万円の合計額）並びにこれに対する訴状送達の日の翌日である、第一次事件の原告らについては平成二〇年一二月一七日から、第二次事件の原告らについては平成二一年九月二九日から、各支払済みまで民法所定の年五分の割合による遅延損害金の支払を求める事案である。〈以下略〉

一　前提事実

(1)昭和二〇年三月一三日から同年八月六日にかけて、大阪市内を始めとして、日本各地の住宅密集地に対し、アメリカ軍機（Ｂ29爆撃機等）による焼夷弾等の集中投下爆撃や機銃攻撃（空襲）が行われた。（顕著な事実）

(2)原告らは、前記(1)の期間内に行われた空襲により被災した者あるいは被災した者の親族であり、原告Ｘ一七を除く原告らは、それぞれ別紙「原告らの主張二（個別被害等）」第一ないし第二二の各一記載の空襲による被害を受けた。

二　争点

(1)被告（被告の機関である国会を構成する国会議員）が、原告らを救済するための立法措置を執るべき義務を負うか否か、仮にこのような義務を負うとして、これを怠った立法不作為が国賠法上の違法な公権力の行使に当たるか否か

(2)損害額及び謝罪広告の要否〈以下略〉

第三　当裁判所の判断

一　立法不作為の主張の位置づけ〈略〉

二　認定事実

(一)太平洋戦争の開始から終了までの経緯

ア　旧日本軍は、昭和一六年一二月八日、真珠湾を攻撃し、太平洋戦争が開始された。その後、旧日本軍は、一時期、太平洋方面や東南アジア諸方面に侵攻して戦線を拡大したが、昭和一七年六月のミッドウェー海戦における敗戦を契機として劣勢となり、昭和一九年六月のマリアナ沖海戦での敗北に続き、同年七月にはサイパン島が陥落した。(顕著な事実)

イ　アメリカ軍は、昭和二〇年三月に、沖縄の慶良間諸島に上陸し、同年四月に、沖縄本島に上陸して侵攻を開始した。これ以降、沖縄本島を中心として、沖縄の各地で地上戦が重ねられた。(顕著な事実)

ウ　アメリカ軍は、昭和二〇年三月九日から一〇日にかけて、B29爆撃機等を出動させ、東京都心部に焼夷弾等を投下するなどして空襲を敢行した(いわゆる東京大空襲)。(顕著な事実)

エ　東京大空襲から四日後の昭和二〇年三月一三日の深夜から同月一四日の未明にかけて、アメリカ軍は、大阪市街地にB29爆撃機等を出動させ、焼夷弾等を投下するなどして空襲を敢行した。

(二)戦時中の防空体制

ア　防空法の成立及び退去禁止等に関する改正

(ア)防空法は、昭和一二年に成立し(昭和一二年法律第四七号)、同年一〇月一日より施行された。その後、防空法は、昭和一六年に改正され(昭和一六年法律第九一号)、同年一二月二〇日より施行された。改正後の防空法には、「主務大臣ハ防空上必要アルトキハ勅令ノ定ムル所ニ依リ一定ノ区域内ニ居住スル者ニ対シ期間ヲ限リ其ノ区域ヨリノ退去ヲ禁止若ハ制限スルコトヲ得」との、いわゆる退去禁止規定（八条ノ三）が新設された。

防空法は、昭和一八年に再度改正され（昭和一八年法律第一〇四号）、昭和一九年一月九日より施行されたが、同法八条ノ三は、「主務大臣ハ防空上必要アルトキハ勅令ノ定ムル所ニ依リ一定区域内ニ居住スル者ニ対シ期間ヲ限リ其ノ区域ヨリノ退去ヲ禁止若ハ制限シ又ハ退去ヲ命ズルコトヲ得」と改められ、退去禁止規定に加えて、退去命令規定が追加された。また、同条ノ三に違反した場合、「六月以下ノ懲役又ハ五百円以下ノ罰金ニ処ス」との罰則も追加された（防空法一九条ノ二第二号）。

なお、防空法八条ノ三に基づき退去禁止等を命ずる命令が発令されていない場合の取扱いについては、政府委員が、昭和一六年の改正時の帝国議会において、「第八條ノ三ハ、是ハ原則トシテ空襲ノ危險ヲ避ケル爲ニ一定ノ地域カラ退去スルコトヲ禁ジヨウト云フノガ趣旨デゴザイマス、併シ住居移轉ノ自由ニ關ハル大キナ制限デアリマスノデ、一定ノ時期ヲ限ツテ、此ノ時期カラハ、サウシテ此ノ區域カラハ退去スルナト云フ風ニ命令ガ出ル譯デアリマス、其ノ命令ガ出ル前ニ移轉ヲスルモノハ、是ハ禁ズル趣旨デハ勿論ナイノデアリマス」とし、命令の発令前の移転を禁止する趣旨ではないと説明していた。

(イ)　改正防空法に係る退去命令に関する「勅令」

防空法八条ノ三にいう「勅令」については、勅令である防空法施行令七条ノ二で、以下のとおり規定された。

「内務大臣ハ防空上ノ必要アルトキハ其ノ定ムル所ニ依リ防空法第八条ノ三ノ規定ニ基キ空襲ニ因ル危害ヲ避クル目的ヲ以テスル退去ヲ禁止又ハ制限スルコトヲ得

但シ左ノ各号ノ一ニ該当スル者ニ付テハ此ノ限リニ在ラズ

一　国民学校初等科児童又ハ年齢七年未満ノ者

二　妊婦、産婦又ハ褥婦

三　年齢六十五年ヲ超ユル者、傷病者又ハ不具廃疾者ニシテ防空ノ実施ニ従事スルコト能ハザルモノ

四　前各号ニ掲グル者ノ保護ニ欠クベカラザル者」

(ウ)　実際に防空法八条ノ三に基づく退去禁止等を命ずる命令が発令されたかは明らかではない。もっとも、昭和一六年一二月七日に発せられた内務大臣通牒「空襲時ニ於ケル退去及事前避難ニ関スル件」では、以下のとおり、一般的には退去をさせないよう指導すべき方針とされていた。

「標記ノ件ニ関シテハ爾今左記ノ方針ニ依ルコトニ決定相成候條御領知ノ上之ガ指導ニ関シ遺憾ナキヲ期セラレ度依命此段通牒候也

一、退去

(一)退去ハ一般ニ之ヲ行ハシメザルコト

(二)老幼病者等ノ退去ニ付テモ現下ノ空襲判断上全般的計画的退去ヲ行ハシメザルハ勿論、左ニ依リ努メテ之ヲ抑制スル様一般ヲ指導スルコト

(イ)老幼病者ニ対シテ絶対ニ退去ヲ慫慂セザルコト

(ロ)現在予想セラルル敵ノ空襲ハ老幼病者等ノ全部ガ都市ヲ退去スルヲ要スル程度ニ非ズ寧ロ退去ニ伴フ混乱、人心ノ不安等ニ因ル影響大ナルベキコトヲ一般ニ徹底セシムルコト

(三)第二号ニ依ルモ尚退去セントスル者アル場合ハ適宜統制ヲ加ヘ混乱ヲ未然ニ防止スル様努ムルコト

(以下略)」

イ　応急防火に関する防空法の改正

昭和一六年改正により、防空法八条ノ五（昭和一八年の改正により八条ノ七となった。）が以下のとおり規定され、命令により応急防火を行うことが義務づけられた。

「空襲ニ因リ建築物ニ火災ノ危険ヲ生ジタルトキハ其ノ管理者、所有者、居住者其ノ他命令ヲ以テ定ムル者ハ命令ノ定ムル所ニ依リ之ガ応急防火ヲ為スベシ（防空法八条ノ五第一項）

前項ノ場合ニ於テハ現場附近ニ在ル者ハ同項ニ掲グル者ノ為ス応急防火ニ協力スベシ（同条ノ五第二項）」

また、防空法一九条ノ三第一号では、「第八条ノ五（昭和一八年の改正後は八条ノ七）第一項ノ規定ニ違反シタル者」には五百円以下の罰金に処すとの罰則が定められた。もっとも、同法八条ノ五（昭和一八年の改正後は八条ノ七）第二項の違反についての罰則は定められなかった。

ウ　防空法以外の防空体制

(ア)　時局防空必携の作成、配布等

被告は、昭和一六年一二月、時局防空必携（初版）を発行し、一切の国民が防空精神を持たねばならないとして、全国民に対して防空活動を指示した。全国の隣組（後記(イ)）や警防団等はこれに基づいて防空訓練や防空資材の準備をしていた。同書の内容は昭和一八年に改訂され、そのはしがきには「何時どこの陸上基地や航空母艦から来襲するかもわからない。」、「国民はしばしば空襲を受けることを覚悟しなければならない。」との記載がされていた。

(イ)　隣組の組織化

また、被告は、隣組（五～一〇軒程度の家庭からなる防空の基本単位）の組織化を徹底した。その上で、前記(ア)の時局防空必携において、「家庭防空には隣組があり」とされるなど、隣組が第一次的に防空活動をすることとされた。

(ウ)　防空体制に関する意識付けの変化

さらに、昭和一六年一二月に防空法が改正されると、防空壕については、簡易な一時待避所と位置付けられ、被告の発行物等では、防空壕ではなく、待避所という用語で表現されるようになった。設置場所も床下や軒下とすべきとされ、作りも簡易なもので足りるとされた。

また、昭和一七年七月九日に内務省防空局が発した「待避所ノ設置ニ関スル件」という通牒には、「待避ノ必要性ヲ強調スル余リ逃避的観念ヲ生ゼシメザル様厳ニ留意シ、焼夷弾落下等ノ場合ハ直ニ出動シテ自衛防空ニ任ズルノ精神ヲ昂揚セシメ、且之ガ訓練ヲ行フコト」と記載されていた。

このような状況の下で、簡易で安全性の低い待避施設が全国で設置されるようになった。

(エ) 空襲に関する情報の統制

被告は、前記のとおり防空体制を整備する一方で、昭和一八年及び昭和一九年に陸軍省・海軍省が策定した「緊急防空計画設定上ノ基準」の冒頭で、「本空襲判断ハ作戦上ニ及ス影響ヲモ考慮シ一般ニ対シ伝達ヲ行ハサルモノトス」と記載したように、予想される空襲における空襲目標、爆弾の種類や投下方法、空襲機数及び頻度などについての軍の判断を一般国民に伝達しないものとされ、現実に空襲が開始された後も、新聞等ではその被害の実態は正確に報道されず、空襲被害者が、報道等によって他の空襲被害の実態を正確に知ることはできない状態にあった。〈略〉

三　憲法上の立法義務の存否について〈略〉

四　条理上の立法義務が認められるかについて

〈略〉……被告が、太平洋戦争を開始し、原告ら空襲被害者を含む国民に対し、防空法を改正して退去を禁止できる場合を定め、原則として退去をさせないようにする趣旨の指示を直接的又は間接的に行い、隣組として防火活動をすることを求めるなどして、事前退去をすることが事実上困難といい得る状況を作出したことなどは、前記認定事実から認められるが、開戦や防空体制そのものは、戦時体制として、原告らのみならず国民一般に対し及んでいたものである。そして、開戦や上記の防空体制と原告らの主張する被害との関連をみると、退避せずに被害を受けた者、退避をしたが直接の被害を受けた者、肉親が退避しなかった者など、その先行行為が与えた影響も様々なものがあるのであって、このような事情を考慮すると、これらの全体を含めて救済を図るべき立法措置を執る義務を認める条理があるともいえない。もちろん、そのうちの一定の範囲の者についてのみ立法義務を認めるべき条理というものも観念し難い。

したがって、条理上の作為義務として、被告に対し、原告ら空襲被害者を救済するための立法義務を根拠づけることはできない。〈以下略〉

(裁判官　黒野功久(裁判長)、浦上薫史、山下真吾)

大阪空襲訴訟　控訴審判決

大阪高等裁判所　平成二五年一月一六日言渡

平成二四年（ネ）第三九八号　大阪空襲・謝罪及び損害賠償等請求控訴事件

主文

一　本件各控訴をいずれも棄却する。

二　控訴費用は控訴人らの負担とする。

事実及び理由

第一　控訴の趣旨〈略〉

第二　事案の概要〈略〉

第三　当裁判所の判断

一　当裁判所も、控訴人らの被控訴人に対する本件請求は、いずれも理由がないからこれを棄却すべきものと判断する。その理由は、原判決を次のとおり補正し、後記二のとおり、当審における当事者の補充主張に対する判断を示すほかは、原判決「事実及び理由」中の「第三　当裁判所の判断」の一ないし四の控訴人らに関する部分に記載のとおりであるから、これを引用する。〈以下略〉

二　当審における当事者の補充主張に対する判断

(一)～(三)　〈略〉

(四)防空法制に関する補充主張について

ア　防空法の定める防火義務に基づき一般の国民が危険を負担する関係は、前記のとおり、一般的なものといわざるを得ず、たとえ、空襲という具体的な危険が発生した場合の個々の場面における危険の高まりが、戦地における戦闘行為等に参加していた軍人軍属等が負っていた危険にも比肩し得るものであったとしても、そのことによって、防空法制下における一般の国民が、上記軍人軍属等と同じように、個別具体的に被控訴人との間で特別な関係に立つことになるとはいえない。

前記のとおり、軍人軍属等に対する援助措置が、何ら合理的理由もなくこれらの者を優遇するものであるということはできず、また反対に、空襲被害者等の一般の戦争被災者等を殊更に冷遇する趣旨のものともいえないのであるから、軍人軍属等との間に生じている差異について、それが何ら合理的理由のない不当な差別的取扱いに当たるということはできない。

イ　控訴人らは、控訴人ら当時の空襲被害者が置かれた極めて危険な状況を正しく理解し、軍人と同様の補償をすべき立法義務を認めるべきであると主張するところ、〈略〉時局防空必携等に、黄燐焼夷弾が飛び散って柱やフスマ等に付いたときは速やかに火叩き等で叩き落として消火するなどの記載はあるものの、焼夷弾を直接叩けば火が消えるとの指導をしていたとまでは認められない。しかし、昭和一九年一二月一日付け朝日新聞に、小幡防空総本部指導課長の談話として、焼夷弾は手袋をはめてつかんで投げ出せばよいとの記事が掲載されるなど、総じて、当局が、民間防空として初期消火に積極的に当たらせるなどの目的から、焼夷弾の脅威を過少に宣伝していたことがうかがわれ、これを信じて早期に避難せず初期消火に当たった国民が、その分危険な状況に置かれたものと評価することができる。

しかしながら、上記のような評価を踏まえても、これらは防空法制下における国民一般に向けられたものであって、これにより上記軍人軍属等と同じように、個別具体的に被控訴人との間で特別な関係に立つことになるとはいえないから、空襲被害者に対し軍人軍属等と同様の補償をなすべき立法措置を執らないことが、直ちに憲法上の平等原則に違反するものとはいえない。

ウ〈略〉……控訴人らは、人口疎開が「勧奨」にとどめられ抑制されたと主張するが、前記政府委員は、「勧奨」に関し、退去命令という強制措置をなるべく用いないという説明をしているものであり、答弁全体の趣旨とすれば、疎開政策を急速に実施したいという方針を述べていることが明らかであって、控訴人らの主張のように、「勧奨」という語が、都市住民一般につき疎開を抑制する方針を示す趣旨で用いられていると解することは到底できない。もっとも、当時の疎開政策は、あくまでも国土防衛の目的から策定されたものであり、生産、防衛能力の維持に必要な人材に対しては、疎開を原則として認めないものとし、これらの者に対しては身を挺して防火に当たるよう求める一方で、上記防空に足手まといとなるような老幼妊産婦病弱者は優先的に疎開させるという方針を同時に示しているものであり、無条件に国民の疎開を推し進めるものではなかった。また、被控訴人は、上記のような疎開政策への転換をとらえて、大阪空襲当時、事前退去をすることが事実上困難といい得る状況を被控訴人が作り出したと認定すべきではないと主張するが、少なくとも開戦当初は、一般的に退去を行わせないという方針を掲げ、隣組として防火活動に従事することが国民の責務であるといった思想を植え付けるなどして、事前退去をすることが事実上困難といい得る状況を作出していたと認められる。

しかしながら、そのような政策的な誘導があったとしても、当時、被控訴人が防空法に基づき国民一般に退去を禁じていたといえるものではないし、このような法令を通じての一般的関係について、軍人軍属等と同様の意味で、被控訴人との間に特別な関係があったということはできないのであるから、これらの点を考慮しても、防空法等による退去に関する規制等を根拠として、空襲被害者に対する補償の立法措置を執らないことが憲法上の平等原則に違反するとはいえない。

（裁判官　坂本倫城（裁判長）、西垣昭利、森實将人）

■参考文献・資料■

【法律、勅令、省令など】

大日本帝国憲法（明治二二年二月一一日発布）
防空法（昭和一二年四月五日法律第四七号）
治安維持法（大正一四年法律第四六号）
国家総動員法（昭和一三年法律第五五号）
戦時刑事特別法（昭和一七年法律第六四号）
防空法施行令（昭和一二年九月勅令第五四八号）
防空法施行規則（昭和一六年一二月一八日内務省令第三九号）
防空従事者扶助令（昭和一六年一二月一七日勅令第一〇三七号）
燈火管制規則（昭和一三年四月四日内務・陸軍・海軍・通信、鉄道省令第一号）
部落会町内会等整備要領（一九四〇年九月一一日内務省訓令）

【公的決定、公文書など】

「防空法案説明概要」陸軍省防備課、一九三四年一月六日
「防空法施行期日ニ関スル件」内務・陸軍・海軍大臣建議、一九三七年九月二一日

「防空指導一般要領」内務省通牒、一九三七年一二月一七日
「内閣情報局設置要綱」内閣官房、一九四〇年九月六日
「国民防空ノ強化促進ニ関スル要望」財団法人大日本防空協会、一九四〇年九月二五日
「退去、避難及待避指導要領」内務省計画局、一九四〇年一二月三日
「情報局官制」勅令、一九四〇年一二月五日制定（およびその後の改正勅令）
「情報局事務規程」内閣官房、一九四〇年一二月六日
「防空壕構築指導要領」内務省計画局、一九四〇年一二月
「空襲判断ニ基ク帝都防空消防力」一九四一年、警視庁消防部
「情報局ノ組織ト機能」情報局、一九四一年五月一日
「退去、避難及待避ヲ行フベキ地域ニ関スル件」内務省通牒、一九四一年七月一二日
「空襲経験上の教訓」陸軍技術本部、一九四一年八月
「防衛ニ関スル報道、宣伝業務計画」防衛総司令部、一九四一年八月一一日
「昭和一六年度第一次防空演習実施ニ伴フ民防空啓発宣伝要領」情報局、一九四一年八月一三日
「内務省官制中改正ノ件」閣議決定、一九四一年九月三日
「流言蜚語防止対策」次官会議決定、一九四一年九月四日
「内務省官制」勅令、一九四一年九月六日改正施行
「空襲時ニ於ケル退去及事前避難ニ関スル件」内務大臣通牒、一九四一年一二月七日
「防空実施ニ関スル件」内務省通牒、一九四一年一二月八日
「防空強化促進ニ関スル件」内務省通牒、一九四一年一二月一九日
「防空強化促進ニ関スル啓発宣伝要領」政府情報局、一九四二年一月一六日

「昭和一七年度防空計画設定上ノ基準」陸軍省 海軍省、一九四二年五月五日
「空襲時ノ待避施設ニ関スル件」内務省通牒、一九四二年七月三日
「待避所ノ設置ニ関スル件」内務省防空局長通牒、一九四二年七月九日
「敵襲時ニ於ケル国内報道ニ関スル大本営陸海軍部報道部情報局間協定覚書ノ件」大本営陸海軍部、一九四二年七月三一日承認、次官会議、同年八月三日諒解
「昭和一八年度　大阪府防空計画」大阪府、一九四三年
「昭和一八年度防空計画設定上ノ基準」陸軍省 海軍省、一九四三年二月八日
「敵襲時ニ於ケル発表要領ニ関スル各省情報局間申合事項」閣議決定、一九四三年五月六日
「『時局防空必携』改訂ニ関スル件」内務省防空局、一九四三年六月二八日
「情報局官制中改正勅令公布方ニ関スル件」情報局総裁、一九四三年三月二三日
「現情勢下ニ於ケル国政運営要綱・国内態勢強化方策」閣議決定、一九四三年九月二一日「今後採ルヘキ戦争指導ノ大綱」大本営政府連絡会議、一九四三年九月二五日
「情報局分課規程改正ニ関スル件」情報局、一九四三年一〇月二九日
「戦時国民思想確立ニ関スル基本方策要綱」閣議決定、一九四三年一二月一〇日
「緊急防空計画設定上ノ基準」陸軍省 海軍省、一九四四年一月一〇日
「決戦非常措置要綱」閣議決定、一九四四年二月二五日
「敵襲時中央ニ於ケル国内報道措置要綱」次官会議諒解、一九四四年五月一日
「戦時生活ノ明朗化ニ関スル件」次官会議申合、一九四四年五月一日
「北九州地方ノ空襲ニ関スル件」防空総本部警防局長、一九四四年六月一六〜一八日
「小笠原島ニ於ケル空襲詳報ニ関スル件」警視庁警務部長、一九四四年六月二九日

「中央防空計画」軍需省 内務省ほか、一九四四年一月
「決戦世論指導方策要領」閣議決定、一九四四年一〇月六日
「国内防衛方策要綱」閣議決定、一九四四年一〇月一六日
「十一月二十四日東京地方空襲被害状況」防空総本部警防局、一九四四年一一月二六日
「燈火管制強化ニ関スル件」防空総本部警防局長通牒、一九四五年一月一二日
「空襲対策緊急強化要綱」閣議決定、一九四五年一月一九日
「国民義勇隊組織ニ関スル件」閣議決定、一九四五年三月二三日
「状勢急迫セル場合ニ応ズル国民戦闘組織ニ関スル件」閣議決定、一九四五年四月一三日
「現情勢下ニ於ケル疎開応急措置要綱」閣議決定、一九四五年四月二〇日
「空襲激化ニ伴フ緊急防衛対策要綱」閣議決定、一九四五年七月一〇日

【国会議事録】
『帝国議会衆議院議事速記録』（委員会議事速記録を含む）
『帝国議会貴族院議事速記録』（委員会議事速記録を含む）
『貴族院秘密会議事速記録』

【町会文書（戦前）】
世田谷区新町三丁目町会会長署名入り「回覧板」（一九四四年一二月～一九四六年一〇月）
「新町三丁目町会規約」（一九四三年五月八日施行）
「新町三丁目町会役員名簿」（一九四三年五月八日現在）

「新町三丁目町会隣組長名簿」(一九四三年五月二四日常会決定)
新町三丁目町会長『国民義勇隊組織ニ就テ』回覧板(一九四五年五月)

【出版物(戦前戦中)】

佐世保薬剤師会編『毒瓦斯空襲ニ對スル知識概要』長崎薬剤師会、一九三二年(非売品)
陸軍科学研究所編『市民ガス防護必携』前田干城堂、一九三五年
千田哲雄編『防空演習史』防空演習史編纂所、一九三五年(非売品)
東部防衛司令部編『わが家の防空』軍事会館出版部、一九三六年
第四師団司令部編『家庭防空』神戸、防衛思想普及会、一九三六年
野口啓助編『国民防毒読本』大日本国防化学研究所、一九三七年
社会教育協会『町会と隣組の話』一九三八年
東部・中部・西部司令部編『防空図解(防火)』小林又七本店、一九三八年
内務省「国民防空と防空施設」/海軍省海軍軍事普及部「空爆と国際法」『週報』九六号、一九三八年八月一七日
内務省計画局『国民防空の栞』同局、一九三八年
軍人會館図書部編『陸海軍軍事年鑑　昭和一四年版』一九三九年
「バルセロナに於ける空襲に依る被害と防空施設」内務省計画局、一九三九年
大日本防空協会『家庭防空　防火』同協会、一九四〇年
鈴木嘉一『隣組と常会——常会運営の基礎知識』誠文堂新光社、一九四〇年
東京市役所市民局町会課『隣組常会の栞』、一九四〇年
「確立せよ防空の新体制」『週報』二〇六号、一九四〇年九月二五日

大阪市『隣組防空指針』同市、一九四一年
内務省ほか各省・企画院・防衛総司令部『時局防空必携』大日本防空協会、一九四一年
難波三十四『現時局下の防空　時局防空必携の解説』大日本雄弁会講談社、一九四一年
中部軍司令部監修『防空必勝　是でやれ！』国民防空出版協会、一九四一年
戦時生活研究所『隣組動員の書』聖紀書房、一九四一年
月刊『主婦之友』主婦之友社、一九四一年四月号、一九四二年八月号、同年一一月号、一九四三年一〇月号
「家庭防空の手引」『週報』二五六号、一九四一年九月三日
平林広人『大東京の町会・隣組』帝教書房、一九四一年
『常会の手引き』自治振興中央会、一九四一年
戦時生活研究所『隣組動員の書』聖紀書房、一九四一年
東京毎夕新聞社『隣組　家庭防空必携』再版　東京毎夕新聞社、一九四一年
早稲田大学『防空計画・空襲時の心得』一九四二年
長崎県警察部『隣組防空計画手帳』長崎県、一九四二年
厚生省生活局「戦時災害保護法について」『週報』二八三号、一九四二年三月一一日
内務省防空局「防空関係法令及例規」一九四二年三月三〇日
内務省防空局「実戦が教へた防空上の注意」『週報』二八九号、一九四二年四月二二日
情報局「防空問答」『週報』三〇二号、一九四二年七月二二日
内務省「防空待避所の作り方」『週報』三〇四号、一九四二年八月五日
大日本防空協会編『防空絵とき』同協会、一九四二年
菰田康一『防空読本』時代社、一九四三年

陸軍報道部「敵の企図する日本空襲」／内務省防空局「大型焼夷弾の防護心得」『週報』三三六号、一九四三年三月二四日
情報局、日本放送協会「隣組の婦人防空体制」『週報』三四〇号、一九四三年四月二一日
浄法寺朝美『爆弾・焼夷弾・瓦斯弾』朝日新聞社、一九四三年
石井作次郎『実際的防空指導』堀書店、一九四二年
内務省『時局防空必携・昭和十八年改訂版』大日本防空協会、一九四三年
天崎紹雄『隣組の文化』堀書店、一九四三年
情報局「昭和十八年改訂　時局防空必携　解説」『週報』三五三号、一九四三年七月二一日
情報局『写真週報』二八三号、一九四三年八月
東條英機「官民に告ぐ」／内務省防空局「防空質疑応答（一）」『週報』三六三号、一九四三年九月二九日
内務省防空局「防空質疑応答（二）」『週報』三六四号、一九四三年一〇月六日
淺田常三郎『防空科学』積善館、一九四三年
大政翼賛会『必勝態勢と町内会部落会』一九四三年
東京市防衛局『防空物語・七篇』一九四三年
情報局「都市疎開問答」『週報』三七五号、一九四三年一二月二二日
情報局「今、もし空襲を受けたら」『週報』三八五号、一九四四年三月八日
情報局「進めよ疎開―帝都疎開促進要目を中心に―」『週報』三八六号、一九四四年三月一五日
警視庁防空課『隣組防空群指導要領』一九四四年（非売品）
益子正宏『空襲罹災者の保護』羽田書店、一九四四年五月
情報局「必勝防衛陣を強化せよ」／「北九州地区・空襲戦訓」『週報』四〇一・四〇二合併号、一九四四年七月五日
情報局「国難、撃敵の好機たらしめん」『週報』四〇三・四〇四合併号、一九四四年七月一九日

情報局「必至空襲への構へ」『週報』四二〇号、一九四四年一一月八日
情報局「老幼病者等疎開問答」『週報』四二三号、一九四四年一一月二九日
情報局「決戦防空座談会」『週報』四二八号、一九四五年一月三一日
防衛総司令部「現選挙区を繞る空襲判断」／大本営海軍報道部「戦場本土に飛ぶ」『週報』四三五・四三六合併号、一九四五年三月七日
朝日新聞社編『軍指導・国民築城必携』同新聞社、一九四五年
小磯國昭「国難打開の途」／防空総本部「重要都市の疎開について」『週報』四三七・四三八合併号、一九四五年三月二一日

【公的関係文書（戦後）】

防衛研究所戦史部『大東亜戦争間における民防空政策』（研究資料87ＲＯ－４Ｈ）防衛庁防衛研究所、一九八七年
防衛研究所戦史部『国土防衛における住民避難――太平洋戦争に見るその実態』（研究資料87ＲＯ－11Ｈ）防衛庁防衛研究所、一九八七年
米戦略爆撃調査団報告『長崎における空襲防ぎょ、その関連事項に関する現地報告』（空幹教資５－２－26－109）航空自衛隊幹部学校、一九五九年
『国民保護に関する基本指針』（平成一七年三月二五日）
内閣官房副長官補「平成24年度国民保護訓練の成果等について」内閣官房、二〇一三年
内閣官房・長崎県・大村市「平成23年度長崎県国民保護共同実動訓練の概要」内閣官房、二〇一二年
「弾道ミサイル等に対する破壊措置の実施に関する達」統合達第四号（二〇〇七年三月二三日）「弾道ミサイル情報の受領及び伝達について（通達）」統幕運１秘第一九－四七号

消防庁 国民保護・防災部防災課『東日本大震災における自主防災組織の活動事例集』二〇一三年三月

【出版物（戦後）】

桐生悠々「関東防空大演習を嗤ふ」『畜生道の地球』中公文庫、一九八九年所収
防衛省防衛研究所戦史室『戦史叢書 本土防空決戦』朝雲出版社、一九六八年
早乙女勝元『東京大空襲』岩波新書、一九七一年
東京空襲を記録する会『東京大空襲・戦災誌』講談社、一九七三～七五年
世田谷区『世田谷 近・現代史』一九七六年
浄法寺朝美『日本防空史』原書房、一九八一年
東京空襲を記録する会『東京大空襲の記録』三省堂、一九八二年
朝日新聞社東京本社企画第一部『日本大空襲―ドキュメント写真集』原書房、一九八五年
逸見勝亮「日本学童疎開史研究序説」『北海道大學教育學部紀要』五一巻、一九八八年
奥住喜重『中小都市空襲』三省堂、一九八八年
鯵坂学他編『町内会の研究』御茶の水書房、一九八九年
岩本努『「御真影」に殉じた教師たち』大月書店、一九八九年
小山仁示監修『太平洋戦争期の町会・防空資料』大阪府平和祈念戦争資料室、一九九〇年
猪瀬直樹『欲望のメディア』小学館、一九九〇年
赤澤史朗「戦時災害保護法小論」『立命館法学』一九九二年五・六合併号
新修大阪市史編纂委員会『新修大阪市史 第七巻』大阪市、一九九四年
松浦総三『天皇裕仁と東京大空襲』大月書店、一九九四年

松浦総三『天皇裕仁と地方都市空襲』大月書店、一九九五年
小沢長治『多摩の空襲と戦災』けやき出版、一九九五年
小山仁示『改訂　大阪大空襲』東方出版、一九九七年
E・バートレット・カー『東京大空襲・B二九から見た三月十日の真実』光人社NF文庫、二〇〇一年
金田茉莉『東京大空襲と戦災孤児――隠蔽された真実を追って』影書房、二〇〇二年
柴田武彦『日米全調査・ドーリットル空襲秘録』アリアドネ企画、二〇〇三年
大田区史事典作成グループ『大田区の神々とお社』二〇〇四年
氏家康裕「国民保護の視点からの有事法制の史的考察――民防空を中心として」『戦史研究年報』第八号、二〇〇五年
前田哲男『新訂版・戦略爆撃の思想――ゲルニカ、重慶、広島』凱風社、二〇〇六年
加藤修弘『あの日、火の雨の下にいた――私の横浜空襲』社会評論社、二〇〇六年
A・C・グレイリング『大空襲と原爆は本当に必要だったのか』(鈴木主税・浅岡政子訳)河出書房新社、二〇〇七年
青木哲夫「日本の防空壕政策」『政経研究』八八号、二〇〇七年五月
奥住喜重・早乙女勝元「新版・東京を爆撃せよ――米軍作戦任務報告書は語る」三省堂、二〇〇七年
土田宏成『近代日本の「国民防空」体制』神田外語大学出版局、二〇一〇年
黒田康弘『帝国日本の防空対策・木造家屋密集都市と空襲』新人物往来社、二〇一〇年
戸ノ下達也『「国民歌」を唱和した時代』吉川弘文館、二〇一〇年
井上寿一『理想だらけの戦時下日本』筑摩書房、二〇一三年
全国防衛協会連合会編『あなたと街を守るために――国民保護マニュアル』原書房、二〇〇六年
東京都国民ホゴ条例を問う連絡会編『地域からの戦争動員――「国民保護体制」がやってきた』社会評論社、二〇〇六年
水島朝穂「『有事法制』研究と『民間防衛』――西ドイツ民間防衛法にも触れて」和田英夫他『現代における平和憲法の

使命』三省堂、一九八六年
同「『国民保護法制』とは何か」『法律時報』七四巻一二号（二〇〇二年一一月）
同『戦争とたたかう――憲法学者・久田栄正のルソン戦体験』岩波現代文庫、二〇一三年
同『東日本大震災と憲法』早稲田大学出版部、二〇一二年
森英樹・白藤博行・愛敬浩二編『3・11と憲法』日本評論社、二〇一二年

【青森空襲関係】

『東奥日報』一九四五年七月二一日付「逃避市民に〝断〟復帰は廿八日迄」
『青森空襲の記録』青森市、一九七二年
『日本の空襲二』日本の空襲編集委員会編、一九八〇年
『青森大空襲』青森空襲を記録する会、一九九八年
『写真集　青森空襲の記録（改訂版）』青森空襲を記録する会、二〇〇二年
『次代への証言・青森空襲六十周年事業』青森戦災・空襲六〇周年事業実行委員会、二〇〇五年
『次代への証言』青森空襲を記録する会、二〇〇九年

【大河内輝耕（貴族院議員）関係】

東洋文庫『大河内文書』平凡社、一九六四年
『群馬県百科事典』上毛新聞社、一九七九年
『群馬県人名大事典』上毛新聞社、一九八二年
清永聡『気骨の判決』新潮新書、二〇〇八年

【空襲訴訟の判決】
名古屋大空襲訴訟
名古屋地方裁判所・一九八〇年八月二九日判決（判例時報一〇〇六号）
名古屋高等裁判所・一九八三年七月七日判決（判例時報一〇八六号）
最高裁判所・一九八七年六月二六日判決（判例時報一二六二号）
東京大空襲訴訟
東京地方裁判所・二〇〇九年一二月一四日判決（訟務月報五六巻九号）
東京高等裁判所・二〇一二年四月二五日判決（判例時報二一五六号）
大阪空襲訴訟
大阪地方裁判所・二〇一一年一二月七日判決（判例時報二一七六号）
大阪高等裁判所・二〇一三年一月一六日判決

【大阪空襲訴訟の争点など】
青井未帆「立法不作為の違憲と『人権』侵害の救済　大阪空襲訴訟大阪地裁判決をめぐって」学習院大学法学会雑誌・四八巻一号・二〇一二年九月
矢野宏『大阪空襲訴訟を知っていますか』せせらぎ出版、二〇〇九年
矢野宏『空襲被害はなぜ国の責任か』せせらぎ出版、二〇一一年
大阪空襲訴訟を支える会『大阪空襲訴訟ニュース』全一六号、二〇〇八年〜二〇一二年
裁判所提出書類
大阪空襲訴訟弁護団「訴状」二〇〇八年一二月八日

同弁護団「準備書面」二〇〇九年六月一日、同年七月二三日、同年一〇月八日、同年一二月四日、二〇一〇年二月二二日、同年五月二五日、二〇一一年六月二九日、二〇一二年六月八日、同年九月一九日、同年九月二〇日
同弁護団「控訴理由書」二〇一二年三月二一日
同弁護団「上告理由書」、「上告受理申立書」二〇一三年四月二二日
大阪空襲訴訟原告「陳述書」（一二三名分）二〇一〇年二月～四月
水島朝穂「意見書」二〇一〇年一二月二三日
直野章子「意見書」二〇一一年一月二五日

【著者によるもの】
水島朝穂「『内なる敵』はどこにいるか——国家的危機管理と『民間防衛』」『三省堂ぶっくれっと』一一五号（一九九五年五月）（水島『武力なき平和——日本国憲法の構想力』岩波書店、一九九七年所収）
同「防毒マスクが似合う街——防空法制下の庶民生活①」同一一六号（一九九五年七月）
同「防空法と防空訓練——防空法制下の庶民生活②」同一一七号（一九九五年一一月）
同「住民管理の細胞『隣組』その1——防空法制下の庶民生活③」同一一八号（一九九六年三月）
同「住民管理の細胞『隣組』その2——防空法制下の庶民生活④」同一一九号（一九九六年六月）
同「命よりまず『御真影』が気にかかり——防空法制下の庶民生活⑤」同一二〇号（一九九六年九月）
同「地上の暗黒　燈火管制と法——防空法制下の庶民生活⑥」同一二一号（一九九六年一一月）
同「退去を認めず——防空法制下の庶民生活⑦」同一二二号（一九九七年二月）
同「守るべきは何か　防空法制の終焉——防空法制下の庶民生活⑧」同一二三号（一九九七年四月）
※この『三省堂ぶっくれっと』の連載は、一部を加筆修正して本書に収録した。

■大阪空襲訴訟弁護団の一人として■

大前　治

「東京大空襲から大阪大空襲まで三日間。なぜ大阪市民は逃げなかったのか。命が惜しければ、すぐ逃げられたはずだ。」、「そこに、日本政府の責任が関係するのではないか」――この問題意識が、防空法制に向き合う第一歩となった。戦争当時まだ幼少だった原告らに聞いても、これについて明確な答えは浮かび上がらない。

二〇〇八年一二月の提訴直前、暗中模索の感を抱きながら歴史資料や先行研究を探し始めたところ、筆者（大前）は水島朝穂教授のホームページにたどり着いた。そこには「避難・退去を認めず」という、まさに探し求めていた言葉が標題に掲げられていた。隣組を用いた防空動員と相互監視についても詳細に研究されていた。一気に視界が明るくなり光が差し込んだ。一九九七年に書き終えられていた水島論文との奇跡的なめぐり合わせを感じた。ただちにその内容を弁護団会議で検討し、これを訴訟の中心論点に据えることになった。

大阪地裁二〇二号法廷を満員にした第一回口頭弁論（二〇〇九年三月四日）。弁護団は、防空法制について陳述した。長らく平和運動に取り組んできた方が、「そこまで厳重な法制度があったとは」と驚いていた。ある原告は、「私の母は、その防空法制の犠牲になったようなものですね」と悲痛な表情を浮かべた。

これまで広く知られていなかった防空法制に光をあてて、国の責任を明らかにして謝罪と補償を求める。これが原告団・弁護団の共通認識となった。

二〇一〇年一月六日、大阪中央法律事務所で弁護団会議が開かれ、水島教授に法廷での証言を要請することになった。このとき「じゃぁ、僕が水島先生に連絡を取ります」と名乗り出たのが、一ヶ月前に弁護士になったばかりの西川大史弁護士だった。聞いてみると、学生時代に水島教授が会長をつとめる早稲田大学公法研究会の幹事長をしていたとのこと。ここにも奇跡的なめぐり合わせがあった。

◇　◇

約一年間の準備期間を経て、翌年二月二八日、午後から二時間にわたり水島教授の証人尋問が行われた。法廷には大型スクリーンを設置し、証拠資料を映写しながら意味内容を説明していく手法をとった。冒頭で映写されたのは、佐藤賢了・陸軍省軍務課長の顔写真が掲載された新聞記事である。後にA級戦犯となる軍人が「空襲の実害は大したものではない」と流布宣伝した事実から、証言がスタートした。

スクリーンには次々と法令・通牒や、防空啓発冊子、「火叩きの作り方」や「焼夷弾の消し方」のカラー図解、消火活動の武勇伝を伝える新聞記事などが次々に映写された。「焼夷弾は手で持って捨てろ」という新聞記事が紹介されると、傍聴席から静かなどよめきが起こった。高さ二メートル近い大きさで約三〇枚のカラーポスターを綴じた啓発ポスター帳「防空図解」の実物も、法廷に持ち込んで解説した。

これらの資料を通じて、ただ防空義務を定める法令が存在しただけでなく、社会の隅々にまで「空襲から逃げない、逃がさない」という強い縛りが存在したことを実感させた。

東京大空襲で犠牲になった遺体が並ぶ写真も映写した。その一つに、幼い子どもと母が黒焦げになって倒れた遺体の写真があった。「このような乳飲み子を抱えた母親こそ、もっとも早く避難させるべきだった。この写真は、まさに手遅れの見本であり、国策による被害を示すものです」という証言に、法廷は水を打ったように静まりかえった。

黒塗りで偽装された国会議事堂が焦土の中に立っている写真も上映された。この議事堂で大河内輝耕貴族院議員が「人貴きか、物貴きか」と述べて「火を消さなくていいから逃げろと言っていただきたい」と質問した事実が紹介されたとき、目に涙を浮かべて聞き入る青年の姿が傍聴席にあった。

証言を通じて、政府による情報操作や無責任体制が国民を重大な被害に巻き込んでいく過程が明らかにされる。一一日後に起こる東日本大震災と原発事故による国民の被害（そして政府の責任）を予言するかのような法廷であった。

水島証言の気迫と法廷の熱気に包まれて、筆者は緊張のあまり手を震わせながら質問を発し続けた。その緊張と動揺は右隣りに着席していた喜田崇之弁護士にも伝わったようであり、彼は地下鉄施設の防空利用を禁止した政府の責任について重要な補足質問をしてくれた。

◇　　◇

二時間にわたる水島証言を締めくくったのは、次の言葉であった。

「日本国憲法は、他国に例を見ない徹底した平和主義を定めています。なぜ、そうなったのか。もちろん原爆など戦争の悲惨さを経験したことからあの憲法ができたのですが、私はそれだけではないと思います。前文には、『政府の行為によって再び戦争の惨禍が起こることのないようにすることを決意し』と書いてあります。『政府の行為』とは何か、戦時中の日本政府の施策を仔細に見ていくと、まさに『国民なき防空体制』があった。国民が死んでもいいという極致にまで達してから戦争が終わった。そういう戦争のやり方に対する強い反省から、日本国憲法は国に対して軍事的オプションを一切取らせない憲法九条を与えたのではないか。

そう考えると、戦後六六年たった現時点において、当時の国が行った政策に対して無答責であってはならない。一般戦災者を救済して補償を行う方向に動くことは、二度と戦争をしないことと合わせて、憲法が指し示した平和主義を具体化するものと思います。

他国の防空法を研究すると、どの国も丈夫な防空壕をつくるなど、様々な形で人々が生き残ろうとする施策をとっているのです。ナチスドイツですらそうです。ベルリンには大きくて頑丈な防空壕が残っていました。なぜ日本だけがこんなに国民を粗末にした防空法制を実施したのか、私はこの謎が解けません。そうした施策がとられていた事実を知らずに、空襲被害者の問題について語ることはできません。

ですから、当裁判所が空襲被害の問題について何らかの結論を出される際には必ず、私が『先行行為』と考えるところの、この防空法の全施策を仔細に検討され、歴史の試練に耐えうる御判断をいただけることを期待したいと思います。」

この言葉に傍聴席は感動につつまれ、拍手が沸き起こった。

原告らを含むすべての証言が終わると、本来の終了時刻を大幅に超えて午後六時近くになっていた。裁判所の廊下の電気も薄暗くなり、正面玄関も閉められたので原告や傍聴者は裏口から退出していった。

なお、九日後の三月九日にも丸一日かけて原告と証人の証言がもたれた。原告側証人として九州大学の直野章子准教授が出廷し、戦争損害受忍論が政治的意図により形成されていった経緯を証言した。原告らも空襲の凄まじさや戦後の苦労を切々と述べた。

二〇一一年一二月七日に言渡された大阪地裁判決は、敗訴判決とはいえ、司法史上初めて防空法制が検討され認定された判決となった。水島教授による防空法制研究が切りひらいた貴重な判決である。

これまで防空法制は広く知られていなかったが、国内法によって実施された現実の権利侵害行為であるから、司法による事実認定になじみやすい。約六〇万人といわれる空襲被害者を生みだした原因事実として、もっと注目されてよい。

◇　　　◇

本書が各地の空襲被害者救済訴訟の前進と救済立法の早期実現の一助となることを願うとともに、多くの方が防空法制に関心をもっていただく端緒となることを願ってやまない。

本書の出版にあたっては、大阪空襲訴訟の原告団、弁護団、支える会の皆さんから多くのご協力をいただいた。文中で紹介した原告・小見山重吉さん、谷口佳津枝さん、永井佳子さんは、いずれも訴訟進行中に他界された。その無念の思いに報いるためにも、救済立法の実現を果たしたい。

「青森空襲を記録する会」の皆さんにも、たいへんお世話になった。雪深い二〇一一年一二月一九日、同会事務所で富岡せつさんを取材させていただいたほか、今村修会長から貴重な資料を提供していただいた。心から御礼を申し上げたい。

水島朝穂教授には、大阪空襲訴訟への全面的なご助力に深く感謝するとともに、共著という形で本書を出版させていただいた光栄に心から喜んでいる次第である。

■あとがき■

本書は、大前治氏との出会いがなければ、この時期、このタイミングで世に出ることはなかっただろう。ひとえに大前氏の努力に負うところ大である。

私が防空法制に関心を持ったのは、今から三三年前、小林直樹『国家緊急権——非常事態における法と政治』（学陽書房、一九七九年）の書評を、『法律時報』一九八〇年一月号に書いたのがきっかけだった。小林氏はそこで、「国民生活の具体的防衛の問題」の一環として、日本における核シェルター（退避壕）の整備を積極的に主張されていた。私はこれに違和感を覚えたが、書評では正面から論じなかった。

一九八六年五月、金沢大学で行われた憲法理論研究会春季研究総会で、「憲法の平和主義と『民間防衛』」という報告を行った。その準備過程で、戦前日本の防空法制にも触れた。この報告は、「『有事法制』研究と『民間防衛』——西ドイツ民間防衛法制にも触れて」（和田英夫他『現代における平和憲法の使命（久田栄正教授古稀記念論文集）』〔三省堂、一九八六年〕一四九〜一七七頁）として活字化されている。そこでは、小林氏のシェルター整備論についても批判するとともに（一七五頁）、「民間防衛」が一般市民の保護をうたうと同時に、軍事的意味を具有するアンビヴァレントな性格をもつことを指摘した。そして「平成」になって最初の八・一五にも、「防空法は太平洋戦争開始直前…に大改正され、市民に対する強制措置が格段に強化された。特に、一定の区域内に居住する者がその区域内からの退去を禁止・制限されるという条項の新設（八条の三）は、後に空襲下の住民避難の遅れの原因にもつながっていく」（「平成元・八・一五へ――注目すべき『有事法制』・戦時中利用された隣組」『信濃毎日新聞』一九八九年八月一四日付文化欄）と述べていた。このように、私の問題意識は常に、「国家は市民を守るか」にあった。そのために、戦前日本の防空法制を実証的に研究する必要性を感じていた。

八九年九月に広島大学に移り、平成二年度文部省科学研究費補助金（「民間防衛法制の研究」）を得て、防空法制や隣組防空群等に関する一次史料を多数入手するとともに、呉市近世古文書館（歴史民族資料館）で、戦前の『主婦の友』や『婦人倶楽部』など、一般市民の生活と防空法制の関係を明らかにする雑誌などを閲覧・複写した。防空法制が市民レヴェルでどのように機能していたのかをリアルに明らかにしたかったからである。この頃から、焼夷弾の実物や戦時下の「防空グッズ」の収集も開始した。本書で使われている写真は、新聞記事をのぞき、私の研究室で所蔵する「防空グッズ」の一部である。

早稲田大学に移ってすぐ、「防空法制下の庶民生活」（『三省堂ぶっくれっと』）の連載を開始した。この連載を軸に、これに史料で肉付けしていく形で、本書が生まれたわけである。なお、連載当時、三省堂の担当編集者は高瀬文人氏だった。氏の熱心なサポートがなければ、この連載は続かなかったに違いない。ここに改めて謝意を表したい。村瀬慈子さんは、初期段階の草稿から徹底的に読み込み、迅速かつ的確な指摘と提案によって、著者たちの執筆作業を大いに助けてくれた。心からお礼申しあげたい。

故・大牟田稔氏（元広島平和文化センター理事長、元中国新聞論説主幹）は生前、『三省堂ぶっくれっと』の熱心な読者で、私の連載を評価し、ぜひとも出版するように薦めてくださった。だが、筆者がそれを果たせぬまま、大牟田氏は二〇〇一年一〇月一五日、亡くなった。大変遅くなったが、本書を謹んで大牟田氏のご霊前に捧げたいと思う。

法律文化社の掛川直之氏との仕事は、『18歳からはじめる憲法』に続くものとなる。末尾ながら記して謝意を表したい。

二〇一三年一二月八日

水島　朝穂

■著者紹介

水島 朝穂（みずしま・あさほ）

1953年生．早稲田大学大学院法学研究科単位取得退学

現在、早稲田大学法学学術院教授／法学博士

〔主要業績〕

『現代軍事法制の研究』（日本評論社、1995年）、『憲法「私」論』（小学館、2006年）、『時代を読む――新聞を読んで』（拓植書房新社、2009年）、『東日本大震災と憲法』（早稲田大学出版部、2012年）、『戦争とたたかう――憲法学者久田栄正のルソン戦体験』（岩波現代文庫、2013年）、『はじめての憲法教室』（集英社新書、2013年）ほか多数．

大前　治（おおまえ・おさむ）

1970年生．大阪大学法学部卒業

現在、弁護士（大阪弁護士会）

〔主要業績〕

「特捜検事をなめるなよと恫喝した“エリート検事”の敗北」法と民主主義2010年12月号、「被害申告の経緯を明らかにして勝ち取った無罪判決」季刊刑事弁護2013年冬号、『続・痴漢冤罪の弁護』（現代人文社、2009年／共著）、『現代労働裁判の実践と課題』（旬報社、2008年／共著）、「『アンケート』という名のおそるべき『思想調査』」週刊金曜日2012年2月24日号ほか．

Horitsu Bunka Sha

検証 防空法
――空襲下で禁じられた避難

2014年2月10日　初版第1刷発行
2014年4月20日　初版第2刷発行

著　者　水島朝穂・大前　治
発行者　田靡純子

発行所　株式会社 法律文化社

〒603-8053
京都市北区上賀茂岩ヶ垣内町71
電話 075(791)7131 FAX 075(721)8400
http://www.hou-bun.com/

＊乱丁など不良本がありましたら、ご連絡ください。
お取り替えいたします。

印刷：亜細亜印刷㈱／製本：㈱藤沢製本
装幀：白沢　正

ISBN978-4-589-03570-7